U0056253

RENOVATION
FOR BEGINNERS

SPACES | MATERIALS | COLORS | STORGE

新手裝修計畫書

東販編輯部 編著

CONTENTS

FOR BEGINNERS

CHAPTER O

新手裝修
要知道的事

POINT 1

了解裝潢預算

了解預算怎麼抓，裝潢做對地方

大部分屋主都是第一次裝修，好不容易有一個家，想透過裝修打造出一個自己的質感居家，這時裝潢預算應該怎麼分配？是否會因新成屋或老屋而影響預算分配？以下先來簡單了解一些應該知道關於預算的事。

空間設計暨圖片提供｜爾聲空間設計

・預算怎麼分配

一般來說，評估預算大致可分為四大類，設計／工程、家電設備、家具與軟裝佈置，室內設計與裝潢工程所佔比例最多，大約佔總預算的 50～60%，家電設備約 15%，家具約 15%，家飾或者其它佔 10% 左右。

不過這只是參考數據，如果裝修動工範圍愈大，或者老屋狀況比較多，在工程部份可以再往上加，或是本身比重視家具、軟裝，那麼可以再適度酌量增加，建議先簡單做出分配比例，再依自身預算、屋況和喜好各自增減。

而針對新屋和老屋，再進一步仔細了解預算需求及訂定方向。

1. 新屋預算

新屋裝潢因為格局、採光、動線比老屋好，通常不用更換水電管線，也少有拆除工程，加上建商一般會附贈廚房三機、標準衛浴設備等設備，在工程和家電設備部份，可省下一筆費用，因此在進行預算編列時，可以室內實際坪數來粗估裝潢預算。

不過要特別注意的是，雖說因為新屋在設計／工程、設備部份，可以省下一些費用，但後續配置的家具、家電設備，會依家庭成員人數、需求，及對品質、品牌的要求，而讓費用大幅增加，也會因不同空間風格而在選材、設計時進一步影響到預算，因為愈複雜的風格花費就愈高，選用的建材如：大理石、實木等，都可能會讓工程預算增加。

2. 舊屋預算

老屋的裝修預算受屋況、需求影響，因為水電管線要重新配置、格局變動、衛浴翻新、拆除舊裝潢、清運等，幾乎所有工程都要重做，因此裝潢工程絕對會比新成屋高出許多，可將預算重點放在設計／工程的比例，其它可自行後續增添的項目，像是家電設備、家具等，可先不列在預算內。

由於舊屋裝潢幾乎都要拆除重做，但如果遇到預算有限時，可以怎麼節省預算？建議可減少木作，盡量選擇制式規格的系統櫃，或者現成家具，不要做設計過於繁複的天花、牆面造型設計，至於消防管線、冷氣管線等，可採用沿樑柱或與窗簾盒結合，局部木作包覆的方式修飾，比全室做天花來得簡單，費用上也便宜許多。

POINT 2

自 己 來 還 是 找 設 計 師

確 認 自 身 條 件 與 需 求 ，
尋 找 適 合 自 己 的 裝 修 方 式

買房是人生大事，但在買了房之後，如何裝修新房，是許多新手屋主最頭痛的一件事，究竟該找設計師，還是自己發包裝修？其實答案沒有絕對，屋主首先應該做的是，檢視自身需求、預算以及屋況，然後再來評估應該找設計師還是自己來。

空間設計暨圖片提供｜木介空間設計

·請設計師裝修

適合類型：屋況較差的老屋、需改變空間格局、預算較高、沒有時間監工

如果你買的是超過四十年的老屋，或者想變動空間格局，會建議比較適合找設計師來進行居家裝修，因為老屋屋況通常比較複雜，水管、電線可能已經老舊無法使用，空間格局也不適合現在人生活方式，因此格局變動機率高，由專業的設計師來進行裝修，可針對屋主需求，以專業設計解決格局、工程問題，對於沒有裝修經驗的屋主來說，只要事前做好溝通，裝修過程中也只需與設計師應對，整體來說會輕鬆許多。

·怎麼找設計師？

現在只要上網很快就能列出一堆設計師名單，但要怎麼大海撈針，從裡面找出適合自己的設計師呢？其實一點都不難，建議可先從以下幾個方向，簡單篩選出適合的設計公司名單，然後再進一步找到適合自己的設計師。

擅長風格：從設計公司發表的案例，了解擅長風格。

關於評價：可在網路上搜集設計公司評價，做爲初步了解。

合法立案：一定要是合法立案的公司。

現場諮詢：確定幾個喜歡的設計公司之後，實際到設計公司與設計師諮詢。

·自行找工班發包

適合類型：新成屋、不會更動空間格局、局部裝修、有時間監工

自行發包分爲統包與分包，統包是指有一個統籌的人做爲窗口，也就是我們常聽到的「工頭」，負責和木工、水電、泥作、油漆等師傅做溝通與聯繫，屋主只要與工頭對應，對屋主來說，這種方式會比較輕鬆；分包則是由屋主各自發包給木工、水電、泥作、油漆師傅，所有聯繫工作全都自己來。

雖說沒有設計費用，預算可稍微降低，不過若自行發包工班，比較難要求師傅有設計美感，若對美感細節有要求，屋主需投入更多時間親自監工。

·怎麼找工班？

一般來說通常是親友介紹居多，現在也可以在網路上搜尋，但不管是透過哪種管道找到工班，一定要和對方面對面交談過，藉此判斷對方是否對裝修有經驗，以及是否能提出詳細估價單，與營利事業登記證、相關證照等。

POINT 3

找到喜歡的空間風格

一個可以讓人放鬆待在家的樣貌

很多第一次修裝的屋主,最容易遇到的問題就是,想打造一個有自己獨特品味的家,卻不知道自己喜歡什麼風格,因此裝修前應該先行了解各種居家風格特色,再依自己喜歡的風格來進行裝修。而雖然空間風格一般來說只是個人的美感喜好,但有時也會影響到裝修費用,因此在了解風格喜好後,可再搭配預算做評估,找到一個真正適合的居家風格。

空間設計暨圖片提供|木介空間設計

1. 北歐風

北歐風空間大多簡約俐落，沒有太多繁複的設計，偏好使用木素材這類自然的材質，色彩搭配傾向採用大面積的白，搭配明亮繽紛的顏色做點綴，或者大量使用中性色系，來營造出寧靜、療癒的空間氛圍。

2. 工業風

工業風源自閣樓或地下倉庫等地方的裝潢風格，因此在工業風空間裡，經常採用開放式格局規劃，來展現開闊無拘束的空間感，空間裡經常看到使用鐵件、金屬、舊木等極具個性的材質，色彩則偏向較為濃烈的黑、灰色系。

3. 鄉村風

鄉村風是很多人喜愛的居家風格，因為發展歷史較久，直至今日可區分出日式、法式、美式鄉村風，空間元素雖略有差異，但整體空間特色，皆喜歡採用木素材、布等材質，搭配米色、奶茶色這類柔和的色彩，來打造出家的溫馨感。

4. 日式無印風

無印風格是從日本品牌「無印良品」中延伸出來的一種家居風格，多採用留白、軟木質調，以及自然材質來打造出清新、無垢的空間。除了少量的硬體裝潢，會大量運用軟裝來裝飾空間，呈現出生活感，是一種很能展現屋主個人生活品味的空間風格。

5. 現代風

現代風可涵蓋範圍大，不過一般來說，整體空間多講究簡潔俐落，在色彩上也多以黑、白、灰、藍這類冷色來打造理性的空間氛圍，或者使用飽和的色彩，來展現大膽的現代感，材質與家具的選用，則多以有規則性的圖案，與線條簡單的造型，來營造極簡的現代感。

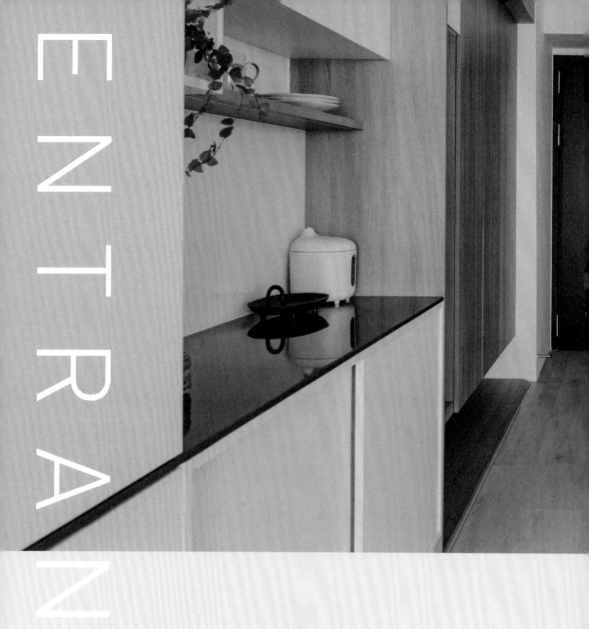

ENTRANCE

CHAPTER 1

玄關

玄關，是進入家中的第一個空間，透過端景、燈光和佈局能轉換室內外氛圍，一回家卽能感受療癒放鬆的氣息。同時玄關也需具備實用機能，從鞋子、大衣、公事包到小孩的上學或運動用品都要規劃收納。

POINT 1

材質 material

提升質感與清潔耐用兼備

玄關爲銜接室內外的緩衝區域，實用面要考量戶外的泥砂塵土如何不進到室內，在材質上就要有防水、防塵、好清潔特性，同時也要有便於落塵的高低差設計。從美觀面來看，玄關卽是居家空間的首要印象，能透過材質、色系、燈光的氛圍營造，打造令人驚豔的效果。

▸ 玄關與客廳以異材質拼接，
不僅有效界定空間，木地板
與磁磚間也形成高低落差，
圈起落塵區域。
空間設計暨圖片提供｜拾隅
空間設計

01 ▸ 不只好看也要好清耐用

戶外的泥砂塵土容易帶進玄關空間，該
如何有效清理，甚至方便落塵就成為玄
關設計的課題。一般在玄關大多會選用
磁磚鋪陳地面，不僅耐磨耐刮，便於清
潔，磁磚的吸水率低，濕掉的鞋子、雨
傘放在地面不會有滲水潮濕問題，也不
容易吃色，髒了也不怕。

同時不妨選用帶有磨砂面的磁磚，透過

鞋子與地面的摩擦方便落塵，不過表面
不要過於粗糙，以免不易掃除清理。

想彰顯大氣風範，不少人會在玄關安排
拼花大理石地面，由於大理石是天然石
材，本身有毛細孔容易吃色，建議進出
頻繁的玄關選用深色大理石為佳，即便
髒污也不明顯。至於偏好工業質感的
人，不妨選用微水泥地板，微水泥是由

水泥、水性樹脂等材料組成，比起容易起砂開裂的傳統水泥地坪，微水泥的硬度更高不易開裂，同時有防水耐磨耐擦洗特性，也不會有起砂起塵問題。

在設計上，不妨規劃落塵區，像是玄關鋪磁磚，客廳則是鋪陳木地板，木地板本身有厚度，再加上兩區交接處運用收邊條區隔，就能有效打造高低差，避免灰塵進入室內。

至於鞋櫃大多採用系統板材，美耐板材質表面光滑，雨水污漬沾附都好清理。想讓櫃體材質多些變化，也能選用鍍鈦包覆，本身有著亮麗光潔表面，不易沾附灰塵污漬。同時盡可能選用封閉櫃體，少用鏤空的層板就能避免積灰，減少清潔的煩惱。

▸ 鞋櫃採用鍍鈦金屬包覆，光滑亮潔的表面方便清理擦拭，也不易沾灰。
空間設計暨圖片提供｜樂湁設計

◉玄關地板常用材質

種類	優點	缺點
磁磚	種類豐富，有多種選擇。易於清潔，價錢也較為親民。	磁磚表面材質要挑過，過於粗糙的表面反而容易堆積污垢，不易清理。
石材	石材紋理獨特，不只增添視覺美感，還可輕易營造空間大器感。	價錢較為昂貴，且要特別注意石材吃色問題。
水泥、盤多魔、微水泥	通常是整個空間採用，沒有接縫，不會有溝縫卡污問題。	水泥會起砂有裂縫，其它類水泥塗料多因硬度不夠，容易刮傷表面。

02 ▶ 令人驚豔的第一印象

別以爲玄關不起眼，它其實很重要！作爲進入空間的第一道關卡，入門第一眼就能決定整體居家印象。通常會將正對大門的牆面設計爲端景，像是安排端景桌，擺上花藝、畫作凝聚視覺焦點。端景牆也能利用色彩增添變化，想要沉穩寧靜，建議選擇大地色、中性色，或採用莫蘭迪色系，以灰階揉和紅色、綠色、藍色等，形成低飽和度的色系，看起來更有高級感。想要呈現清新活潑的氣息，利用高彩度、高飽和的鮮豔用色，達到繽紛亮麗的效果。

也能透過材質強調空間質感，若要展現輕奢大器，大理石是最好的選擇，本身獨特的暈染紋理帶來精緻磅礴調性，一進入玄關立即能感受到奢華優雅風貌。大理石也能從牆面延伸到地面，形成一體的視覺效果，讓整體空間更爲迷人。若偏好簡約北歐風，不妨在地面選用復古花磚，繽紛的圖案花樣能帶來生氣活力，也能選擇六角磚的設計，透過幾何磚面增添層次變化。

除了材質、用色，也能運用燈光渲染情境氛圍。在天花或櫃體嵌入 LED 燈條形成光帶，爲空間勾勒俐落線條。或將櫃體懸空，下方藏入間接光源，運用反射光打亮地面，呈現寧靜幽微的情境。或是安排壁燈，燈源向上漫射，柔和光暈讓人一進門卽感受到家的溫暖。

▶ 在面對大門牆面安排端景牆，利用跳色和燈光營造，讓人打開門第一眼卽能看到美麗端景。
空間設計暨圖片提供｜拾隅空間設計

▶ 運用幾何花磚鋪陳玄關，同時搭配錯落櫃體作爲屏風，一旁更利用線燈凝聚視覺焦點，從地面到牆面增添豐富視覺效果。
空間設計暨圖片提供｜拾隅空間設計

2

收納 storage

巧用五金與動線完善機能

玄關雖然小，但收納照樣要規劃得很齊全。想讓玄關擁有充足收納量，鞋櫃不妨做到置頂，或是搭配旋轉鞋架，甚至納入儲藏室的規劃，不僅鞋子收得多，嬰兒車、腳踏車也都能放。除了擴增收納量，也要一併考量動線設計，讓玄關好收好拿，生活品質更提升。

▸ 安排半高櫃體就多了置物平台，能隨手放置鑰匙，下方留 25 至 30 公分高度，作爲臨時放鞋區使用。
空間設計暨圖片提供｜拾隅空間設計

01 ▶ 不用思考的收納術

想一想，你在玄關會有哪些動作？放下手中的公事包或信件傳單、坐下、脫鞋、脫下大衣，這一連串的動作都隱含需要規劃的收納機能與動線。

設計玄關收納時，基本上以鞋櫃為優先，若有足夠空間再延伸各種收納配置。靠近大門櫃體建議中央鏤空，打造置物平台，進門先放下信件或鑰匙，雙手空下來，才有餘裕脫鞋。而置物平台安排在離地 100 至 120 公分之間，這樣的高度正好抬手不費力。平台下方的底櫃收納常穿的鞋子，而平台上方吊櫃使用頻率較低，可收納不常穿的鞋子或鞋具清潔用品。鞋櫃建議採用懸浮設計，抬高 25 至 30 公分，下方就多了臨時放鞋區，方便收納拖鞋，當天穿的鞋子也能馬上脫下，暫時放在這裡略作通風，再收進櫃子。

安排完鞋櫃後，若有多餘空間不妨再設置衣帽櫃，方便收納大衣外套、公事包、小孩書包，出門就能直接取用，無須再回到臥室，省下來回行走的時間。至於穿鞋椅的位置則是依照剩餘的空間安排，通常規劃在靠近大門或客廳處，方便坐著穿脫。若玄關廊道夠寬，則能將穿鞋椅安排在鞋櫃對側，形成雙排形格局，讓鞋櫃空間更有餘裕。

▶ 依照動線依序規劃穿鞋區、鞋櫃、衣帽櫃，在玄關穿脫衣物、鞋子就能更順暢。空間設計暨圖片提供｜拾隅空間設計

02 ▸ 鞋子再多也能收

大家都希望櫃體收納愈多愈好，想讓鞋櫃有充足收納，要先確認現有鞋子種類與數量，靴子、高跟鞋、球鞋各有多少，提供愈精準的數據，就能規劃愈充裕的櫃體空間，符合實際使用情況。在規劃時，別忘了櫃體要預留增加鞋子的空間，避免未來收不下。

想要收更多，鞋櫃做到置頂，擴增使用空間。在空間條件允許情況下，甚至能安排 L 型櫃體，形成整面收納機能。若

玄關太小放不下太多鞋櫃，可在櫃內運用活動層板調整高度，讓每層都能完善利用不留空隙，藉此釋放空間納入更多層板來收納。也能安裝旋轉鞋架輔助，達到雙倍收納目的，不過要注意的是，若要設置旋轉鞋架，鞋櫃需做到40公分深，須考量玄關廊道寬度是否充足。

▸ 在玄關空間足夠的情況下，不妨安排 L 型櫃體，不僅圈出玄關領域，相對也能收更多。空間設計暨圖片提供｜拾隅空間設計

03 尺寸做對了，用起來才舒適

玄關空間不大，卻有強大收納需求，不論是做為鞋櫃收納，還是規劃成可收多種物品的複合櫃，都要斤斤計較尺寸，才能收得多又收得好。以玄關鞋櫃來說，櫃體深度多為 35 至 40 公分，空間不足的情況下，可縮減為 30～32 公分，或將層板略傾斜成 30 度爭取空間，如還想有收納吊掛衣物功能，深度則要做到 60 公分。

鞋櫃層板間常見高度為 15 公分，層板則多採用可調式設計，以便靈活調整高度，因應各種不同鞋型收納需求。如果想將傘具一併收在鞋櫃裡，最順手的收納高度，約是在櫃子下方離地 90 至 100 公分處，並建議採用吊桿，便於同時收納長傘和折疊傘。

除了櫃子內部尺寸，由於櫃體和大門位置會影響出入，所以玄關面積、大門位置，最好一併列入規劃思考。

首先，決定玄關櫃尺寸前，應先確認走道預留寬度，舒適寬度約是 75 至 90 公分，空間不足時至少要有可容納一人行走的 60～65 公分寬，然後以此為標準回推，便可得到確保出入順暢的鞋櫃的最大面寬與深度。

櫃體與大門位置配置，若是平行配置，兩者之間要有 120 公分寬，以提供一人站立與門片迴旋空間，適合狹長型玄關，採九十度角配置，櫃體則要退縮 5 公分，以免影響大門門片開啓，如果沒有明顯區隔出玄關位置，櫃體可沿牆安排，另外規劃落塵區做內外區隔，落塵區適當大小約是 120×120 公分。

▸ 鞋櫃盡可能做到置頂，內部可再搭配活動層板或旋轉鞋架輔助，有效提升收納量。
空間設計暨圖片提供｜樂洽設計

實例應用

· （左上）**預留衣帽櫃，收納機能更升級**

玄關、餐廳與客廳串聯在一起，正好順應牆面安排整排櫃體，從玄關一路延伸至餐廳、客廳電視牆形塑完整立面。玄關鞋櫃運用木皮貼覆，注入溫暖質感，中央櫃體保留鏤空，作為衣帽櫃使用，能收納外套、包包。同時櫃體採用懸浮設計，方便放置鞋子，收納空間也更多。空間設計暨圖片提供 ｜ 拾隅空間設計

· （右頁上）**鞋櫃分類收納，完善獨立式玄關機能**

玄關是居家收納重要的起始點，也因屋型決定設計方式。此案屬於獨立玄關，設計師在大門右側牆面先規劃了一個嵌入式鞋櫃，並從右側結構牆再延伸設置一座如半牆般的鞋櫃，透過封閉與開放分割設計，進行收納的分類歸位，同時搭配穿鞋椅、衣帽架活動家具，賦予完善使用機能，地坪設計也利用微落差，做出落塵區的劃分。空間設計暨圖片提供 ｜ 十一日晴空間設計

· （右頁下）**鍍鈦金屬注入輕奢質感**

由於空間較小，玄關與餐廚開放通透，沿牆安排懸浮鞋櫃，靠近大門的櫃體鏤空，作為放置鑰匙信件的收納空間，並暗藏燈源，不僅能提示位置，溫暖光暈也為家注入溫馨的情境氛圍。鞋櫃大膽採用鍍鈦鋪陳，灰色金屬光澤增添輕奢質感，也正好與灰色調牆面相互映襯，透過不同材質紋理豐富視覺層次。空間設計暨圖片提供 ｜ 樂湁設計

- （左頁）**軟硬裝飾搭配打造寬敞長廊玄關**

  原本住宅格局從大門進入即有一道寬敞的長廊玄關，左手邊為私領域，右手邊為公領域，由於男屋主平時喜歡邀請朋友來訪，也有接待生意友人的需求，這道長廊正好明確分開公私領域，也成為進入主要空間的緩衝區，地板鋪設圖紋對稱的地毯磚，襯托出空間風格和氣質，並且除了以暗門處理鞋櫃，還有擺放蒐藏藝術品的開放式陳列櫃，展現屋主個人品味。空間設計暨圖片提供｜爾聲空間設計

- （右上）**讓出廚房畸零角落，擴增衣帽櫃**

  此案為舊屋翻新，因入口處光線較差，利用透空的櫃體設計，提高明亮度。櫃體抬高且結合抽屜、門片形式，除了放置鞋子還能收納如鑰匙、信件等小物。洞洞板右側為切割廚房角落空間所爭取到的衣帽櫃，滿足屋主所需的置物功能。洞洞板一則滿足屋主對於風格的偏好，同時也能搭配層架、掛鉤等作為生活的陳列。空間設計暨圖片提供｜十一日晴空間設計

· （左上）**鏤空屏風界定領域**

由於玄關與客廳通透開敞，打開大門容易被鄰居直視室內。巧妙運用鐵件框出屏風，中央嵌入擴張網，呈現若隱若現效果，有助遮擋視線，一旁搭配弧形牆面柔化視覺，同時界定玄關領域。順應牆面安排 L 型櫃體，收納量更大，並從櫃體延伸出懸浮穿鞋椅，穿脫鞋子更安全友善。空間設計暨圖片提供｜拾隅空間設計

· （右頁）**收納、穿鞋、賞景兼備的玄關長廊**

這是由兩戶打通的雙拼住宅，連接兩區的中央廊道就成為最佳的玄關區域。靠近大門的鞋櫃懸浮20 公分，能放置拖鞋、常穿的鞋子，中央則鏤空打造置物平台。廊道正好擁有面向中庭的優美景緻，刻意安排一處臥榻方便欣賞，也能作為穿鞋椅使用，內部更安排掛衣桿，客人的外套、包包都能放在這。空間設計暨圖片提供｜樂湁設計

LIVING ROOM

CHAPTER 2

客廳

客廳是家庭核心位置，具備有讓全家人聚集、使用的功能，是所有空間裡最需要細心規劃與設計的區域。以坪數來看，雖是所有空間最大，但在格局、收納、家具等細節，卻更要順應生活與使用習慣來規劃，其中行走動線與整體空間感，受空間裡的沙發、茶几等家具影響，在配置家具時，也應依人數、坪數挑選，才能避免造成空間擁擠，讓人無法有放鬆感。

格 局 layout

符 合 生 活 方 式 的 格 局

過去居家設計，習慣把空間各自獨立，功能明確卻容易讓人感到封閉缺少開放感，而和過去相比，現在居家空間偏小，於是以客廳爲中心並與其它公共區域做整併，創造出開闊感且利於互動的開放式格局，便成了現今普遍且受歡迎的格局設計。然而不論哪種格局，皆有優缺點，重點在於規劃格局前，要確認生活習慣，與使用空間坪數大小，再以此爲基礎，打造出一個舒適好用的客廳。

▸ 根據客廳坪數大小，配置適當家具尺寸，不只視覺美感上更和諧，使用起來也會更舒適。空間設計暨圖片提供｜爾聲空間設計

01 ▸ 客廳合理的坪數應該多大

客廳是全家人最常使用的區域，理應在具備多重功能的同時，還要能讓人感到舒適與放鬆，但在這個空間裡最常遇到的問題，就是被家具塞滿，導致空間變得狹隘，甚至連行走都有困難。

會有家具佔據空間問題，大多是在進行空間格局規劃時，對客廳坪數沒有合理規劃，接著在挑選家具時，又忽略對應

使用空間大小，因而在選配家具時，選用了不適合的尺寸、款式，讓空間變得過於擁擠。

一般居家生活空間，客廳坪數通常是最大的，然而就算是坪數最大，卻不代表足以規劃應有的空間機能，並容納下所有家具，那麼一個客廳合理坪數是多少？該如何計算？最簡單的計算方式，

▶ 餐開放式設計是時下流行的格局規劃方式，雖說可帶來更寬闊的空間感，但在進行家具配置時，仍要從實際使用坪數考量。
空間設計暨圖片提供｜甘納空間設計

就是以空間裡會使用到的家具來回推。一般客廳主要的家具配置，大致會有沙發、電視櫃、茶几，把這些家具尺寸相加，然後加入預留走道寬度，這樣就能得到一個客廳應有的坪數大小。

以目前最常見的三口之家的客廳來看，建議不要小於 3 坪，若還要規劃收納櫃，則不能小於 4 坪，不過 3 至 4 坪只是剛剛好，並非是行走起來會感到舒適的大小，若想達到更理想的活動舒適度，以 6 至 7 坪為佳。

除了客廳的坪數，空間的寬度與深度會影響空間配置，以及家具尺寸、款式的選用，就必備的沙發來看，常規三人沙發約為 180 至 240 公分，因此客廳寬度需在 200 至 300 公分左右，空間深度則將沙發、茶几和電視櫃尺寸相加，加上預留走道空間反推，理想深度則至少要有 300 ～ 400 公分。

· 沙發常見尺寸

沙發尺寸市面上有固定規格，但因應實際需求，也有推出特殊尺寸，如 140 公分的小型沙發，與寬 250 公分的大型沙發，配合空間實際大小使用。

種類	深度	寬度
單人	約 80 ～ 100cm	約 90cm
雙人		約 180cm
三人		約 240cm

・茶几常見尺寸

茶几是可彈性配置的家具，在材質、外型與尺寸上，沒有太多限制，可完全依照空間大小，或個人喜好、需求來做選用，若想更精準對應空間與需求，可選擇系統家具特別訂製。

深度	約 40～70cm
寬度	約 60～120cm

・電視櫃常見尺寸

電視櫃一般會依電視尺寸搭配選用，雖說現今流行採用壁掛架，但在空間允許下，配置電視櫃可適時為客廳增加收納空間。

電視規格	深度	寬度
26 吋到 37 吋	約 40～50cm	約 80～150cm
40 吋到 50 吋		約 200～250cm

・家具間的適當距離

在每個家具之間，都要預留適當距離，使用起來才會感到舒適。

電視櫃與茶几的距離	約 70～120cm
茶几與沙發間的距離	約 30cm

・走道適當距離

一般人肩寬約 45 至 50 公分，因此行走動線，至少要預留可容許一人行走的走道寬度。

1 人行走寬度	約 60～90cm
2 人行走寬度	約 110～120cm

02 ▸ 開放式格局，客廳不只是客廳

隨著生活方式的改變，加上居住空間坪數愈來愈小，現在居家生活空間多傾向捨棄隔間，以結合不同區域，創造出具開闊空間感的開放式格局，而規劃方式多是以客廳為主，再藉由合併其它空間進行串聯，進而達到空間寬闊感與多重機能目的。

▸ 開放式格局除了可以讓空間感覺更寬闊，最重要是有助於互動性，同時滿足空間的多重機能要求。空間設計暨圖片提供｜爾聲空間設計

・客廳＋玄關

玄關是用來緩衝室內室外的區域，若獨立區隔出來，容易壓縮到鄰近的客廳，而藉由格局動線設計，可將位於邊陲位置的玄關與客廳連結，讓空間更完整且具開闊感，同時化解獨立玄關容易給人的封閉感。如果仍希望做出適度區隔，或規劃出落塵區，可在地面使用不同地板材質，做出內外區隔，或採用具穿透感的屏風設計，維持空間通透感受與動線互動性。

・客廳＋餐廚

客廳、餐廳和廚房，是居住空間裡最主要的三個公共區域，也是家人、朋友最常聚集、使用的空間，藉由開放式格局設計將這三個空間整併，可將空間最大化，並創造出符合強調人與人互動的空間格局。不過這種開放式格局，最怕的就是油煙逸散問題，若想採用這種格局規劃，需考量平時烹飪習慣，或者選擇只合併餐廳和客廳。

・客廳＋彈性空間

獨立隔間空間太小容易有封閉感，但又想有遊戲區、書房等機能，此時最常採用的設計方式，便是將這樣的空間與客廳合併，藉以維持客廳寬闊感，又可化解坪數不足以做為獨立空間的尷尬，與此同時再利用拉門、玻璃、矮牆等設計做出場域分界，藉由非實體隔間方式，避免隔牆可能造成的狹隘感，並保留空間完整，且讓客廳感覺寬闊更具彈性、實用。

▸ 餐廚與客廳採開放式設
  計，以營造利於互動，
  與寬闊的居家空間。
  空間設計暨圖片提供｜
  甘納空間設計

03 改變隔牆設計，讓空間更好用

客廳是一個家的核心，家人、朋友交流活動也多是聚集在客廳，因此若能更毫無障礙地其它公共區域做聯結，不只讓空間變得開闊，也可以加強互動性。而其中最常出現在小坪數空間的設計，便是採用半牆來做空間區隔，藉此讓空間更具開闊感，同時可依矮牆安排位置，延伸出桌面、收納櫃、電視牆等機能，增加實用性。

若仍想確保空間獨立性，又想與客廳串聯讓空間變寬闊，則可選擇折疊門或滑門，由於折疊門、滑門可打開或收起來，因此空間便可隨當下需求，做出靈活變化，至於門片材質，則看個人對隱密性的要求，想擁有適度隱密性，適合採用無法透視的材質，像是木素材等，若希望門片關上，仍可延伸視覺，保留空間通透感，則清透的玻璃材質較為適合。

除此之外，布簾也是會被拿來做為區隔空間的材質，而且由於材質柔軟，能為空間帶來柔和氛圍，但隱密性差且沒有隔音效果，適合隱密性要求低的空間。

視覺若能得到延伸，便可讓空間有放大效果，因此與客廳緊鄰的公共區域，如：書房、工作室等空間的隔牆，可採用具有視覺穿透效果的玻璃材質，雖無法像折疊門或滑門一樣，可更自由改變空間，但視覺上可達到寬闊感與互動目的，隔音效果也來得更好一些，一般玻璃隔牆使用清玻居多，但若想再多一點隱密性，或製造視覺變化，長虹玻璃、磨砂玻璃也是不錯的選擇。

▶ 選擇採用折門設計，不只空間變得更靈活有彈性，門片的玻璃材質也能引入光線，讓空間變得更明亮。
空間設計暨圖片提供｜
甘納空間設計

04 ▶ 不受電視牆限制，動線更順暢

在進行客廳空間規劃時，大多會先從選擇一道牆來做為電視主牆開始，當主牆決定後，接著便是配置家具，但有時因空間條件關係，電視牆位置尷尬，因而造成空間浪費或動線不順，由於牆面並無法隨便移動，此時可解決的方式，便是安裝位置不受限的旋轉電視架設計，化解決主牆問題，讓動線規劃可以更合理，且因佔用面積不大，也有讓空間變得寬闊的效果。

安裝旋轉電視架可解決格局動線問題，但在安裝時的施工要特別注意。首先，管線等線路走法需事前做好規劃，除了電視，遊戲機、線上盒等影音設備的收納位置都要先行規劃討論。而若只是單純想讓電視可調整角度，滿足每個區域

看電視的需求，可選擇安裝在牆面，但同樣可改變電視角度的懸臂式電視壁掛架，安裝相對容易，價錢也比較便宜，雖說旋轉角度有限，但空間配置上會更自由。

不過因為是安裝在牆面，需確認牆面材質與強度，一般牆面分為承重牆和隔間牆，安裝在承重牆為佳，若必需安裝在隔間牆，則要事前評估牆面承重力，是否適合施工，或只是加強承重即可，對於選用的壁掛架，也應先行了解壁掛架可負荷重量。

種類	安裝方式	旋轉角度	費用
懸臂式電視壁掛架	把支架安裝在牆面，讓電視可做旋轉。	180 度	較便宜
360 度旋轉電視架	安裝在頂天立地柱上旋轉，或是在底部安裝旋轉底座。	360 度	較昂貴

POINT 2

材質 material

兼顧美感與實用

在居家生活空間裡，客廳不只是使用機率最高的區域，同時也是對內對外交流、互動的區域，而由於空間本身需具備多重功能，因此選用的裝潢建材，不只要能有美化空間目的，也必需要有利於清潔與保養，如此才能既有風格，使用起來也不需過於小心翼翼。

▸ 在牆面鋪貼板材後，刻意刷上顏色，以融入周遭色彩，營造出愜意的小清新氛圍。空間設計暨圖片提供｜爾聲空間設計

▸ 對選擇漆色沒有自信，不如就挑一面牆來塗刷，一樣有活潑空間氛圍，成為空間視覺焦點效果。
空間設計暨圖片提供｜爾聲空間設計

01 ▸ 牆面材質，圍塑空間多重樣貌

屬於公共區域的客廳，牆面材質比起私人空間可以有更多樣化的選擇，而且不需全室牆面統一一種材質，可從中選擇一面主題牆，運用不同材質或顏色，來製造空間吸睛效果；若是在意居家健康環保，市面上有強調去濕、防霉等功能的建材，這些建材在具備機能的同時，塗刷在牆面也能呈現出樸實質感。

·選用油漆，色彩豐富好入手

油漆是最多人選擇運用在牆面的建材，因為工序簡單、色彩選擇豐富，而且還可快速營造、改變空間氛圍。經常需要與人交流、互動的客廳，應該呈現的是讓人放鬆的氛圍，因此適合採用米色、棕色這類適用各種風格、不易出錯，且能製造柔和安定感的大地色系；或者同樣具有沉穩、安定人心的中性色，若想適時製造吸睛亮點，可以採用明亮色系，但建議小範圍使用或做為主題牆色即可。挑選漆色時，除了從空間風格選定適用顏色，還可從家具、家飾，找出相近或對比色彩元素，讓牆色可以自然融入空間，製造出更為和諧的視覺效果。

・特殊塗料，兼具質感與機能

由於現在愈來愈重視居家空間無毒、健康問題，因此除了油漆，原料取自天然的硅藻土、礦物漆、樂土等特殊塗料，也逐漸被運用於居家空間，這些天然塗料通常擁有去濕、防霉等機能，且強調無毒健康，塗刷在牆面時，因原料與施作方式，可創造出粗糙質樸的牆面效果。若不想只是平淡的刷上漆色，則可選擇馬來漆、清水模漆這類特殊漆，這種漆料最大的特色就是，藉由塗料本身或施作工法，可輕易打造出獨特的視覺效果，其中馬來漆還可根據個人喜好，刷上專屬紋理，裝飾效果極佳；至於清水模漆則不需繁複工序與昂貴費用，就能快速打造出逼真的清水模牆質地。

・鋪貼石材、磚材、板材，強調空間風格

在牆面上鋪貼磚材、石材、板材，是居家空間相當常見的牆面裝飾手法，由於這些建材通常具有強烈風格特性，因此很容易藉由選用的材質，來輕易營造出某種特定空間風格，例如文化石是鄉材風常用建材，板岩常見於現代風空間，板材則經常出現在經典美式或鄉村風空間裡。因此若想特別強調某種空間風格，在牆上鋪貼磚材、板材或石材，甚至不需全室牆面，只要選擇一面主題牆加以拼貼裝飾，就能瞬間讓空間風格到位且具吸睛效果。

◉材質比較

	油漆	特殊塗料	石材、磚材、板材
優點	價格平易近人、好塗刷、覆蓋力佳。。	具防霉、抗菌效果，抗水性好，可創造特殊的表面紋理、圖案。	可快速營造空間風格，種類選擇相當豐富。
缺點	可能含有甲醛問題，最好選用知名品牌。	施工通常較為繁複，且最好找有經驗的師傅施作，比較不容易失敗。	除了建材本身的費用，施工方式與施作面積都會影響最終費用，事前要做好預算規劃。

▸ 在牆上鋪貼木質板材，讓沙發牆成爲視覺焦點，同時也替空間注入材質帶來的自然療癒感。空間設計暨圖片提供｜實適空間設計

▸ 牆面採用具防水透氣功能的樂土，不只健康環保，牆面也能呈現特殊的粗糙手感質地。空間設計暨圖片提供｜木介空間設計

02 從風格與機能選擇地面材

客廳使用率高於其它公共區域，因此在材質選用上，除了依循空間風格做為挑選原則，是否好清潔、保養，是否耐用都是考量重點，而其中地面材的材質、色系甚至拼貼方式，可能影整到體空間感與氛圍，因此需仔細挑選。

· 木地板，不限風格，可營造溫馨氛圍

木地板是最多人喜歡使用的地板材質，不只是因為踩踏時感覺舒適，木地板適用於多種風格，不用擔心搭配出錯。不過木地板會因不同製成原料，而在機能、價錢，甚至施工方式而有差異，選用前要先了解各種木地板的特色與優缺點，再來選出適合自家生活習慣的木地板，目前市面上常見木地板種類有：實木地板、海島型木地板，及超耐磨木地板，實木地板價格昂貴，不易保養，已少有人使用，海島型木地板和超耐磨木地板，適用於氣候潮濕的台灣，是現在最常見使用於居家空間的木地板種類。

· 磁磚超耐用，選擇豐富多樣

磁磚質地堅硬，不只耐用，保養、清潔容易，尤其適合濕氣重的台灣，因此磁磚一直是地板使用率最高的建材之一。過去由於磁磚種類單一，拼貼方式單調，因此磁磚地板容易給人缺少風格、單調的印象，然而隨著技術的進步，現今磚材種類豐富，不只有各種圖案鮮明的花磚、復古磚，還有多種紋理逼真的仿木、仿石、仿鏽等磚材，風格不受限，加上磚材尺寸相較於過去更多元，藉由尺寸與磚材種類來做搭配使用，便可創造出更豐富變化，滿足實用與風格需求。

▶ 木地板是居家空間最受歡迎的地板材質，踩踏起來舒適、溫暖，可圍塑出溫馨的空間氛圍。空間設計暨圖片提供｜實適空間設計

· 無接縫塗料，展現極簡現代感

相較於木地板和磁磚這類常見的地板材，塗料是近年來相當受歡迎的地板材質，由於塗料的完成面無接縫，視覺上顯得簡約、俐落，很適合使用在客廳這種大坪數空間，凸顯材質特色，而且因為表面無溝縫，不易卡垢，清潔、保養省事許多。

不過這類塗料的缺點，大多都是不耐重壓、不耐刮，其中水泥更是會有起砂問題，所以若想採用這種地板材，最好評估能否接受這些缺點。

而隨著科技的進步，盤多魔、優的鋼石微水泥等塗料，雖然在完成後表面會有如水泥一般的質地，但其實施工方式與費用計算並不相同，最好先行詢價，以免超出預算。

◉材質比較

	木地板	磁磚	塗料
優點	觸感舒適，且具溫潤質感。	種類豐富、質地堅硬，耐用度相當高。	完成面無接縫，且抗污耐髒。
缺點	易留下刮痕，拼接處溝縫，不易清理易卡垢。	觸感冰冷，若為表面光滑的磚材，容易滑倒發生危險。	費用因施工方式、塗料而異，且通常較不耐刮、重壓。

▸ 依據空間屬性，與鄰近空間採不同地板材質，低調做出分界線，同時又不影響整體空間的開闊感。
空間設計暨圖片提供｜十一日晴空間設計

3

燈光 light

除了照亮，更是營造氛圍重要角色

客廳是一個多人使用，且具備多重機能的空間，不論是燈具的挑選，還是數量的規劃，都必需兼顧到亮度和氛圍營造兩個面向，以避免錯誤的燈光配置，造成空間過亮或太昏暗，無法達到空間照明與營造氛圍目的。

▸ 利用嵌燈滿足照明需求，維持天花視覺簡潔，另外搭配可靈活調整角度的軌道燈，因應光源照度需求。空間設計暨圖片提供｜甘納空間設計

▸ 採用嵌燈提供空間主要照明，書房區域則另外配置吊燈，做為重點照明需求，特別挑選過的燈具造型也是為空間吸睛的裝飾。空間設計暨圖片提供｜甘納空間設計

01 ▸ 燈具配置對應空間條件

以功能性的光源，考量到照明的廣度範圍，燈具大多是裝設在天花板，也因此空間高度對燈具的配置、型態有一定的影響。一般住宅高度約 2 米 8，在正常屋高條件，客廳選用吊燈作為主燈的情況下，要特別注意吊掛與空間之間的距離，避免因體積過大或與活動空間過近而產生壓迫感。

一般挑高屋型高度通常會超過 3 米，此時適合選用尺寸較大的造型燈飾，藉此展現空間尺度，但因高度較高，距地面較遠，為避免亮度不足，建議可在一般

樓高約 2 米 5 ～ 2 米 8 位置，再增加投射燈、嵌燈、軌道燈來輔助整體亮度。而若屋高低於正常屋高，則不適合使用吊燈，可改成吸頂燈或者軌道燈做為主照明，藉此保持天花板高度。

另外，空間坪數雖然相同，但在空間較為方正的客廳，採用大型吊燈可以展現空間大器感，但若是狹長型空間，反而容易讓人感到壓迫，因此不建議使用吊燈，可改為配置吸頂燈或軌道燈，來達到空間照明目的，同時避免燈具帶來的壓迫感。

02 混用基礎、重點、氛圍照明，讓空間更具層次感

首先，簡單了解幾種照明功能，基礎照明作用在於提供空間充足的光線，也可稱之空間主燈，常見有吊燈、吸頂燈、筒燈等；功能性、重點照明，是用來滿足工作、學習時所需照度，氛圍照明則是利用光線，來營造出空間的柔和氛圍。

客廳是家人進行休閒活動或接待客人的空間，在這個空間裡會進行多種活動，因此配置照明時，可混用幾種不同照明以靈活因應需求。

一般來說，吊燈、吸頂燈、軌道燈，主要是用來提供空間裡均勻光線的基礎照明，這類燈具的選用與空間大小以及屋高有關，因此空間條件是採用燈具時的重要挑選原則。主要照明確定後，可搭配重點式照明，以因應平時使用習慣，像是如果在沙發區使用頻率較高，且習慣在客廳閱讀，可搭配可調式立燈來做為重點照明，使用上更彈性，立燈造型也有綴空間效果。若有規劃書房區，則可在書房區域加裝吊燈、軌道燈，來加強照明需求。

空間的氛圍營造主要來自間接燈光源，而所謂的間接光源，就是光線不直接照射物，而是藉由天花板、牆面、地面的光線反射，製造出朦朧、柔和的效果。

一般來說，客廳是最常採用間接照明的空間，常見做法是將燈具隱藏在天花板、牆面，或者是結合櫃體，藉由這樣的設計方式，達到營造柔和的空間氛圍，而由於將燈具藏起來，視覺上會更顯簡潔、俐落。若是想簡單利用現有燈具來達到間接照明效果，可以採用嵌燈或立燈，將光線打向牆面，製造出柔化空間的光線。

▶ 軌道燈可靈活應對空間需求，做為空間主要照明，也能當成重點或氛圍照明使用。
空間設計暨圖片提供｜木介空間設計

· **結合抽屜，臥榻變身雙人床**

只要善用設計小技巧，再也無需掙扎是否要預留第二房給親友留宿用。這個家雖然因為調整格局減一房、擴大了公共廳區，不過設計師利用臨窗面的區域，規劃出臥榻機能，看似只有單人床尺寸，其實把臥榻下的滾輪抽屜拉出來，就可以合併成雙人床，而且床墊還能收在抽屜裡。

空間設計暨圖片提供｜實適空間設計

· （左上）**善用深度創造豐富收納與自在環繞動線**

　考量客廳深度還算充足，遂將沙發稍微往前擺放，創造出寬闊自在的迴游動線之外，並讓出背牆以懸空壁櫃、層架規劃爲主，爲一家五口增加豐富的收納功能，同時融入孩子們的電子鋼琴。材質與顏色上，選用安全無毒的愛樂可夾板染色，配上如水泥紋理的特殊塗料與藍色作壁面展現，回應屋主喜愛的咖啡館、個性風格。空間設計暨圖片提供｜十一日晴空間設計

· （右頁）**弧形框架修飾樑柱，增加開放層架更生活感**

　透天厝在原始結構上面臨了客廳兩側皆有樑柱的問題，藉由弧形線條予以修飾，由於沙發屬於低背柔軟款式，弧形框架加入木質層板設計，讓屋主可以輕鬆拿取書籍或擺放隨手物品。空間既有光線明亮的條件下，大面積以白色調爲基底，配上灰、藍色軟件跳色，勾勒出清新爽朗的氛圍。空間設計暨圖片提供｜木介空間設計

·（左頁）**仿石電視牆簡約大氣**

在簡約清爽的定調下，電視牆運用淺色磁磚鋪陳，仿石紋理增添大氣質感，同時採用石材美容工法，磚縫與磁磚同色，巧妙消弭縫隙，呈現乾淨俐落的立面視覺。一旁配置灰色沙發，注入清爽中性氣息，地面則輔以深色木紋磚鋪陳，有助穩定空間視覺。空間設計暨圖片提供｜樂湁設計

·（右上）**不過度修飾，樂土裸樑成空間特色**

考量新成屋大樑普遍低矮且寬大，若再包覆反而更突顯壓迫感，因此直接以樂土刷飾營造自然的裸樑效果，讓灰與白的界定更爲清晰。樂土一併延伸成爲壁面與電視牆，同時巧妙利用屋主蒐藏的樂高積木，以木頭裱框搭配，成爲家中獨一無二的創意掛飾，其餘樂高則整齊收納於抽屜櫃。
空間設計暨圖片提供｜木介空間設計

·（右下）**立面變化搭配開放層架，讓櫃體輕量隱形**

此案爲中古屋翻修，由於空間坪數有限無法規劃儲藏室，能運用的牆面也不多，因此從入口左側發展出一系列儲藏需求，包含鞋櫃、陳列、設備櫃、生活用品收納，從左至右依序以格柵弱化門片的存在性，再來以輕巧白色鐵件做展示層板，同時將低音喇叭整合於內，平台部分則利用抽屜形式讓收納化爲隱形。空間設計暨圖片提供｜木介空間設計

· （左上）**客廳全開放，維持開闊感**

將鄰近客廳的書房隔間拆除，空間順勢縱向延展，客廳放大視覺更開闊。書房部分採用長虹玻璃，再利用捲簾區隔，維持適當隱私。整體空間以黑、白、灰爲基調，電視牆採用仿清水模塗料奠定沉穩質感，地面則鋪陳石塑地板，溫潤木紋爲空間增添暖度。空間設計暨圖片提供｜拾隅空間設計

· （右頁上）**組合式沙發創造客廳鮮明活力**

個性鮮明的屋主喜歡豐富的色彩，因此從玄關地坪的三色六角磚開始鋪陳空間，進入客廳轉爲溫暖木質地板，以線板裝飾的收納牆面作爲背景襯托組合式的沙發座椅，由皮革、絨布及不織布組成的沙發，不僅在材質上堆疊細節層次，還可以隨需求喜好拼組成不同坐法，打破制式客廳形式，變換出有趣的室內風景。空間設計暨圖片提供｜甘納空間設計

· （右頁下）**黑灰色調形塑簡約質感**

原本爲四房格局，拆除與客廳相鄰的一房，改爲開放式書房，延展客廳深度，空間更爲通透開闊。而書房保留半牆圍塑界定領域，也能作爲沙發背牆，沉穩的黑色調讓客廳更有安定感，沙發則搭配中性的灰色，地板也選用帶灰的超耐磨地板，形塑簡約現代質感。空間設計暨圖片提供｜樂湁設計

· （左上）**巧用玻璃虛化牆面**

為了讓老屋空間更通透顯大，打通客廳後方的書房與客房，改為玻璃隔間虛化牆面，不僅視覺有了延伸，也有效引進更多採光，整體明亮開闊。特地選用清玻璃和長虹玻璃，並以幾何切割拼接，增添豐富層次，透光不透視的長虹玻璃也能保有客房隱私。空間設計暨圖片提供｜拾隅空間設計

· （右頁上）**明確配置公共領域讓空間運用更多變**

男主人希望居家兼具接待會所的功能，由玄關進入到客廳使用雙推門方式引領進入公領域，客廳、餐廳規劃出各自區域，將休憩與用餐需求獨立出來。空間以黑白灰做為基本配色搭配古典風格的傢具，與圓弧造型天花的簡約線條相互調和出當代氛圍，壁面櫃體不但具備收納及展示功能，還有一處迷你吧檯提供酒類，不用再進入廚房就可以隨時取用。空間設計暨圖片提供｜爾聲空間設計

· （右頁下）**滑門電視牆隱藏強大書櫃收納**

擁有豐富藏書的屋主，希望要能收得多、還要收得整齊。利用原本存在於角落的結構柱體深度，拉出一整面結合電視牆的櫃體，而且不只左右兩側能收納、展示，滑開電視牆後，同時也隱藏櫥櫃機能，兩側櫃體則搭配半開放式門片，回應屋主對於整齊俐落的需求。空間設計暨圖片提供｜實適空間設計

· （左上）**圓弧線條建構公領域凸顯生活特色**

　格局線條界定空間場域，也創造出家的空間感，新婚小夫妻有大量收納需求，先生喜歡公仔，太
太蒐藏衣服，於是空間格局跳脫制式的垂直線條，以一道弧線展開生活樣貌，溫暖的木質櫃在功
能層面扮演著多重角色，不但是劃分公私領域的界線，也是陳列展示的藝廊，同時當作貓咪活動
的跳台，而弧線在無形之中引導空間動線，也輕易從小孩房引入光，柔和光影因此在轉彎處交會。
空間設計暨圖片提供｜甘納空間設計

· （右頁上）**收納靠邊設計，懸空樺木夾板創造輕盈之感**

　此案屬於大門開在中間的屋型，一進門的左右兩側各自是客餐廳，右側電視立面為了創造輕盈，
以及入口視野開闊性，將主要收納集中於最內側的櫃體，鄰近大門處的立面則搭配層板，可隨手
放置鑰匙，立面材料選用淺色、木結較不鮮明的樺木夾板，給予清爽自然的氛圍，夾板上塗佈還
原漆，可保護毛細孔。沙發旁搭配活動家具，作為提供收納提升的用途，同時也是入口的一面端
景。空間設計暨圖片提供｜十一日晴空間設計

· （右頁下）**造型壁板隱藏浴室入口與各式櫥櫃**

　對著廳區的衛浴，並不見得一定要改動格局才能解決。設計師沿著外圍牆面拉出一道木作壁板，
巧妙將浴室入口隱形於壁面當中，除此之外，左右兩側更衍生出豐富的儲藏機能，甚至於利用其
中一層櫃體放置汙衣籃。壁板也轉折至廚房場域，一併讓冰箱予以隱藏。空間設計暨圖片提供｜實適
空間設計

· （左上）**隱藏式收納立面，讓家收得乾淨**

僅夫妻倆居住的房子，屋主太太偏好隱藏式收納，希望家中物件能收得乾淨，因此電視立面以簡約白色調鋪陳，打開內部皆具備儲物功能，局部搭配開放式設計，讓畫面更爲平衡。右側入口處置入一座鐵網打造的隔屏，半腰櫃體隨手擺放鑰匙或零錢，鐵網上又能利用 S 型掛勾滿足佈置與置物，並藉由沉穩木色、鐵件材質語彙，回應屋主太太對於工業感居家的喜愛。空間設計暨圖片提供｜十一日晴空間設計

· （右頁上）**簡約線條與古典元素交織當代感**

入口座落於水平空間的中心，設計師順應格局與屋主生活需求，藉由入口位置將公私領域明確劃分在左右。在盡可能保留天花板高度的情況下，公領域以電視牆削弱天花大樑並創造回字動線，讓步伐能自在的流動在空間中，客廳以白牆爲基底作爲空間背景，嵌入壁爐與置入鈷藍沙發，交織出具有張力的當代空間氛圍。空間設計暨圖片提供｜甘納空間設計

· （右頁下）**釋放書房隔間展開客廳開闊感**

屋主夫妻期待新居能延續在澳洲居時的自由開闊感，既有格局擁有不錯的採光條件，只是早期格局已不符合心目中的居住需求，在重新構思後打開舊格局的書房空間，改成和客廳、廚房動線串連的開放式閱讀工作區域，使整個以白色爲基底的公領域視野顯得明朗，一家人的活動範圍也更爲開闊。空間設計暨圖片提供｜爾聲空間設計

DINING ROOM

餐廳

過去的餐廳設計大多著重在用餐時的實際機能,隨著現代人生活習慣的改變,餐廳成為一個可聚集人們,加強彼此互動交流的重要場域,除了在格局動線上要因應現代生活習慣,想規劃出一個既舒適美觀的餐廳,不論是格局規劃或收納,都是不能忽略的設計重點。

格局 layout

賦予空間多重機能

現在人工作忙碌之餘,期待的是沒有壓力的隨興生活,因此與過去單純只有用餐目的不同,大家對餐廳期待不只有單一功能,加上現在人愈來愈重視家人互動關係,因此對於餐廳的設計規劃,在實用考量外,最重要的是利用動線來與其它空間產生連結。

▸ 開放式設計，可減少空間封閉感，也有利於互動，小坪數空間或喜歡邀親朋好聚會的家庭，很
　適合採用這種格局設計。空間設計暨圖片提供｜十一日晴空間設計

01 ▸ 獨立或開放應該怎麼選

每個空間格局、坪數都不同，但如何規劃出一個好用又舒適的餐廳？先從坪數大小來看，大坪數居家空間，可以考慮規劃成獨立格局，因為餐廳是容易有生活感，且顯得雜亂的區域，獨立空間可適時隱藏生活凌亂感，避免破壞整體空間美觀；而餐廳除了用餐目的，用餐時光最能凝聚家人情感，空間獨立不易受到干擾，有利於家人間的交流互動。至

於小坪數居家，由於空間本來就不大，過多隔牆容易讓人有封閉、壓迫感，因此適合採用開放式格來規劃餐廳，而且藉由開放式設計，不只有擴大餐廳空間目的，同時也可讓整體空間變得更為開放、寬闊。而開放式格局規劃做法是將餐廳和另一個公共空間做整併，常見有以下幾種做法：

▸ 利用中島圍塑出客廳、餐廚場域，維持空間開放感的同時，也讓餐廚區和客廳能有良好互動。
空間設計暨圖片提供｜木介空間設計

· 餐廳＋廚房

將餐廳與廚房整併成一個空間是最常見的做法，因為把煮菜、上菜、用餐，整合成一個空間，可以讓烹飪、用餐過程更為流暢、方便，也能讓在廚房烹飪的人，沒有阻礙地與位在餐廳的人互動，而不會顯得孤單。一般做法是將吧檯或中島延伸成為餐桌來使用，藉此節省空間又能擴充空間機能，相當適合小坪數。

· 餐廳＋客廳

捨棄餐廳和客廳的隔間牆，讓公共區域變得更加開闊，同時也讓空間的使用更自由，但由於兩個空間主要功能仍有差異，因此空間大小比例配置要特別注意，且空間風格要統一，如此才能達成讓空間變得寬敞目的，與視覺上的美觀與和諧，若仍想劃分出界線，可在地面採用不同材質，這樣既不失開闊感又能明確界定場域。

· 餐廳＋客廳＋廚房

現今居家坪數普遍偏小，生活模式也多會邀請親朋好友來家中聚會，因此在規劃格局時，會選擇將餐廳、客廳、廚房整合成一個大空間，這種開放式格局可以將空間最大化，同時也有利於家人、朋友在空間裡互動，不過最大的問題就是油煙，建議做法是隔出熱炒區和輕食區，亦或是採用通透的材質來適度阻隔油煙，同時又不會造成封閉狹隘感。

雖說開放式格局可以讓空間變得開闊，但若沒有正確的安排餐桌椅，仍會影響到空間感與行走動線，使用起來就沒有那麼舒適。以餐桌來看，想發揮空間最大坪效，可採用從中島、牆面或者櫃體延伸出餐桌的設計，如此一來便可圍塑出一個有多重機能的區域，而不單純只有用餐功能。

若是購買現成家具，採用可靠牆擺放的方型和長型餐桌，會比圓桌節省空間。而當餐桌、餐椅就定位時，記得四周要預留可舒適活動的空間，不只是爲了視覺上的美觀，而是因應用餐時可能會有的一些動作，以及坐下或離開座位時，仍有可順暢行走的空間。

◉常見餐桌尺寸

人數	深度	寬度
二人餐桌	75～90cn	80～90cm
四人餐桌		140～160cm
六人餐桌		180～200cm

POINT **2**

收納 storage

了解收納習慣和收納種類，才能收得多又好用

不同於其它空間，餐廳收納的東西通常比較雜亂，除了餐具，有時一些廚房擺放不下的家電會移至餐廳，加上平時經常使用的小家電，也多會收在餐廳方便使用，而對於沒有系統又顯得雜亂的收納物品，需要的是有計畫的收納規劃才能做到好拿、好收又好看。

· 開放式收納 VS 封閉式收納

一般櫃體大致可分爲開放式和封閉式兩種，開放式收納的好處就是少了門片，櫃體的重量感便減輕許多，加上層板多是可調式設計，可收納物品的彈性也就更高，然而看似優點多多的開放式收納，最大的缺點是容易看起來雜亂，所以收納物品最好挑選

▸ 針對平時收納習慣中以及物品，可結合多種收納形式，讓收納不只用起來順手，同時也收得多。
空間設計暨圖片提供｜
拾隅設計

過，才不會看起來不夠美觀。想採用開放式收納，除了要勤於整理，一些容易顯得雜亂的零碎小物，最好用收納盒收起來，看起來整齊許多，視覺上也會更俐落。

至於封閉式收納，主要是將物品收在有門片的櫃子裡，雖說門片關起來，一切雜亂便看不見，但櫃體容易讓人有壓迫感，若想減少櫃體壓迫感，可採用櫃體懸浮的設計，讓櫃體看起來較為輕盈，或在櫃體的中段鏤空做成平台，減少完全封閉式的沉重感，平台處也能擺放常用的微波爐、烤箱等小家電。想讓櫃體更具彈性，可將開放式和封閉式收納融合在一個櫃體，開放式屬於經常使用區，所以最好規劃在可順手拿取的高度。

・適當的收納尺寸

想讓餐廳看起來乾淨俐落，一個好用好收的櫃子必不可少，針對餐廳主要的收納物，餐櫃大致會分成上中下幾個區域，上櫃通常收納不常用的物品，以收取方便來看，離地約最好不要超過 200 公分，若擔心上櫃太有壓迫感，可以開放式吊櫃取代，但以擺放杯盤或擺飾品等不會過重的物品為主，深度約 40 至 45 公分即可。

小家電如果也規劃收在餐櫃時，此時多會規劃在櫃子的中下層，約離地約 150 公分，這樣用起來最順手，深度約 45 至 60 公分左右，需預留電器散熱空間，高度與寬度則依據收納電器，測量過後再來決定。

用餐時常使用的刀叉、湯匙，則通常規劃在下櫃的最上層，並採用抽屜式收納，深度約 40 至 50 公分左右，內部再另外搭配隔板分區使用，至於下櫃剩餘空間，則視預期收納物品種類，如果是收一些鍋碗瓢盆，適合採用方便取用的抽屜或拉籃設計，若是要收納不常用，且具一定重量又大型的家電，則以可調式層板式來規劃，使用起來會比較靈活有彈性。

▶ 雖要盡量爭取收納空間，但上櫃位置過高，拿取不方便，反而會減少使用機會。
空間設計暨圖片提供｜爾聲空間設計

實例應用

· （左上）**1／2門片設計法則，藏住凌亂兼具生活感**

屋主想要有能陳列傢飾物件的空間，但也擔心會過於凌亂。大門進來的右側其實隱藏了一根柱子，由此發展出一座櫃牆，仿清水模紋理的系統門板與沉穩木色搭出質感氛圍，其中一側門片特別鏤空一半設計，讓屋主可維持局部開放層架妝點，較為雜亂的物件就可以藏在門片內。空間設計暨圖片提供｜實適空間設計

· （右頁）**玻璃、木皮牆兼具門扇與立面功能**

餐廳相對其他場域，屬於光線較弱的地方，加上毗鄰小孩房、廚房以及衛浴幾個空間，因此如女兒房、廚房皆利用鋁框玻璃門片，提亮餐廳的光線。左側利用磁性板打造生活記憶留言牆，兩側木皮則為隱藏門片，通往衛浴與男孩房，平常將門扇闔起形成完整的立面風景。餐廳地坪延續玄關材質，與客廳產生區隔，在開放格局下創造隱性獨立的場域之別。空間設計暨圖片提供｜十一日晴空間設計

· （左頁）**置頂電器櫃整合餐廚收納**

由於廚房不大，沒有多餘空間安放電器，餐
廳安排整面置頂電器櫃，與廚房延伸相連，
能嵌入冰箱、電鍋、微波爐，滿足收納機能。
而餐桌周遭廊道保留 90 公分寬度，避免行
走過於擁擠。櫃體選用黑色鋪陳，能與對側
的白色鞋櫃形成強烈對比。空間設計暨圖片提
供｜拾隅空間設計

· （右上）**精算空間，安排中島餐桌**

這是一間僅有 13 坪的小住宅，空間有限的
情況下，中央安排中島，並精算尺寸，中島
寬度安排 75 公分，走道保留 90 公分，即
便空間小，行走也順暢不擁擠。而中島不僅
能作為餐桌使用，下方也安排電器，有效串
聯廚房領域。整體採用大板磚鋪陳，耐熱耐
磨，表面也運用石材美容消弭縫隙，美觀又
實用。空間設計暨圖片提供｜樂湈設計

· （右下）**縮減尺度、玻璃隔間，打造寬敞
明亮用餐氛圍**

除了捨棄一房，仔細看廚房檯面深度也從 60
公分縮減至 40 公分，讓餐廳區域享有寬敞
舒適的迴轉尺度，小檯面也滿足喜歡調酒的
屋主，可收納各式酒杯。此外，由於鄰棟距
離太近，對外窗僅有微弱的採光，藉由相鄰
臥房的局部玻璃隔間，達到再度引光、提升
明亮度。空間設計暨圖片提供｜實適空間設計

- （左頁）**擴增茶水吧台，提升使用機能**

  將原有和室拆除，讓給餐廳擴大面積，同時調動衛浴格局，餐廳就有餘裕銜接給排水管線，順勢安排茶水吧台，能簡單準備咖啡飲品或清洗水果。吧台採用仿大理石的美耐板勾勒線條，形塑優雅輕奢質感。餐廳另一側牆面則以清水模塗料為襯底，設置 25 公分深的懸浮櫃體，方便收納收藏展示。空間設計暨圖片提供｜拾隅空間設計

- （右頁上）**運用色彩、收納，豐富空間層次**

  除原本的封閉廚房，與客廳、餐廳串連成開放空間，後方中島採用黑色塗布，對側牆面以灰色相襯，並設置洞洞板，強化收納的同時也成為展示空間，打造餐廳端景。地面則塗布有結構性的灰色塗料，防刮耐磨，也有一定的承重性。側邊牆面暗藏琴室，運用拉門巧妙隱藏，門片特意拉至與大樑同高，拉高視覺比例。空間設計暨圖片提供｜樂洽設計

KITCHEN

CHAPTER 4

廚房

在現今居家中廚房佔據重要地位，再也不只是過去柴米油塩醬醋茶只有媽媽辛苦備餐地方，隨著開放式格局的流行，打開整個共區域空間，使居家因為結合餐食料理，不僅提升休閒感也增進家人之間的互動，廚房設計要考量的面向也變得更廣，除了流暢的動線規劃，設備、鍋具的收納分類、爐台冰箱位置、水槽深度以及插座配置之外，還要考量設計與整體美感，超多設計細節都要注意，才能避免好看不實用的廚房。

POINT 1

格局 layout

好用廚房就從流暢動線開始

你家的廚房順手好用嗎？和其他空間比較起來，廚房是一個強調機能和實用性的地方，因為下廚料理是一連串複雜的過程，從選菜、洗菜、備料、烹煮到上桌，整體佈局要跟著跟著工作流程規劃，才能使整個下廚的過程事半功倍，只要掌握幾個重點位置的配置原則，廚房就能輕鬆好用。

▸ 廚房的格局配置除了要依據空間大小，也要視使用者平時的使用習慣來規劃，如此才能設計出具有風格，同時好用又順手的廚房。空間設計暨圖片提供｜木介空間設計

01 ▸ 一字型、L 型哪種比較好

廚具的配置可分為一字型、L 型、ㄇ字型、中島型等，這些佈置配置需根據廚房空間尺度、個人下廚習慣和需求選擇，才能發揮最佳的使用功能和特色。

‧一字型廚房｜3 坪以下小坪數最佳方案

一字型廚房是最基本的規劃形式，主要

將下廚的流程——清洗、備料、烹煮等動作所需的設備沿單面牆展開，讓下廚者能在同一條動線左右移動來完成下廚作業，通常適用於坪數較小的空間。然而受限於空間的一字型廚房，扣掉爐台、水槽位置之後，可運用的檯面和收納空間也就有限，因此要多加利用垂直面規劃收納，例如增加掛架、掛桿或鐵網架等，使下廚用的工具、調味罐等小

物各得其所，或者分配部分機能到餐廳區域，利用餐邊櫃放置烤箱、微波爐等設備，讓廚房不會太過侷促。

· L 型廚房｜3～5 坪打造高效率下廚動線

同樣適用小家庭的 L 型廚房，是將廚具沿轉折牆面設置，因此多出一個轉角可以運用，只要爐台、水槽及料理檯面依照一般下廚流程配置妥當，不但可以縮短移動路徑提升作業效率，也較能安排其他輔助料理的電器設備，使整個廚房機能更加完善。由於 L 型廚房檯面會有兩道檯面可以運用，在配置作業動線時具有明確劃分用水區、用火區域的優勢，也就是將洗滌區和冰箱規劃在一

起，爐台、烤箱、電鍋等加熱設備配置在另一邊，這裡還可以接續上菜流程安排餐桌，使整個烹煮到上菜作業能一氣呵成。另外，L 型轉角處也可以搭配轉角層架等收納配件，讓角落空間有效利用空間。

· ㄇ字型廚房｜4 坪以上氣派格局收納機能最全面

將廚具沿三面牆配置的ㄇ字型廚房，能呈現寬敞且氣派的感覺，就空間大小來說至少要 4～5 坪以上較大的空間才能發揮效果，由於ㄇ字型廚房又多出一道檯面和轉角，有更充足的位置井然有序地劃分各項廚房機能，若兩人以上同時使用也較有轉圜空間，因此適合一些講

▶ 一字型廚房單純的動線涵蓋所有料理作業，最適合小坪數空間。空間設計暨圖片提供｜木介空間設計

究料理或喜歡邀請親朋好友一起享受下廚樂趣的人。

雖然有充足的空間可以配置廚房佈局，但仍需根據下廚動線來運用ㄇ字型廚房，避免動線拉太長，也就是將水區、火區集中配置在L型位置，另一道完整檯面用來備料。另外，ㄇ字型廚房可以規劃最多儲物櫃空間，但卻容易忽略的轉角處，反而造成實際空間利用率降低，規劃時可利用轉角拉籃解決，並且分區設計儲物才能發揮空間優勢。

·中島型廚房｜創造複合機能增進家人互動最有趣

中島型廚房指的是位於廚房中央的工作檯面，通常與一字型或L型廚房搭配，而宛如島嶼般四面不靠牆的特色，配置前須事先計算四周通道寬度，形成循環能與客廳、餐廳交疊的回字開放動線，獨立的中島除了可以作為增加備餐、收納的工作桌，也可以當作輕食吧檯嵌入水槽、電子爐等與餐桌結合，延伸出複合機能的料理和用餐區域，讓廚房更像是一個交流、休憩的場所，家人朋友可以共同料理互動。

中島型廚房需要更寬敞的尺度配置，檯面間的距離建議至少維持100公分的距離，確保多人使用時的流暢及便利性。

▸ 開放式餐廚擁有完善的電器櫃，L型廚具也增加料理的便利與舒適性，玻璃隔屏同樣也是拉門，同時可將爐台區變成獨立隔間，阻擋油煙。空間設計暨圖片提供｜實適空間設計

02 ▸ 最省力的使用動線

想要有一個順手好用的廚房,一定要掌握「黃金三角動線」也稱爲廚房工作動線,無論廚房再小再陽春,每一道料理都少不了——取菜、洗菜、料理這三個主要下廚的動作,也就是要在冰箱、水槽及爐具這三個位置創造隱形的三角形動線,使下廚動作能連貫流暢。

之所以動線要形成三角形而不是直線,是因爲三角形能形成一個環繞的路徑,可以避免單一線性動線來回重覆的時間浪費,同時節省力氣也更符合人體工學。

依據烹調習慣規劃的黃金三角線,原則上以水槽爲中心,再將冰箱、爐台安排於兩側,單邊長度以兩步距離爲佳,不超過四步爲原則,也就是大概 120 ～ 240 公分之間,而在此三邊動線內往返交錯的距離總和應控制在 660 公分左右,才是合理並省力的設計,因此如果是坪數較大的廚房,可以調整三點位置適度縮減三邊的距離,但單邊長度仍應維持在兩步到四步以內,動線也不一定要呈現正三角形。

除了依循三角動線配置廚房之外,整體的安排仍有一定的邏輯,像是冰箱最好放在鄰近門口的地方,方便購物回來後整理貯放食材,也方便家人使用減少下廚時穿過廚房的狀況,冰箱位置儘可能靠近水槽區,縮短往返拿菜走動時間,而且不要與爐檯併放避免高溫影響冰箱保鮮功能,這些都是配置需要留意的地方。

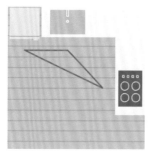

L 型廚房

ㄇ型廚房

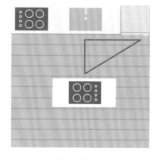

中島型廚房

▸ 所謂的三角動線,是指根據冰箱、水槽及爐具這三個位置,及實際使用慣性,創造出一個動線最短最順便的,隱形三角形動線,使下廚動作能連貫流暢。

03 ▶ 人體功學尺寸

廚房是一個講求安全和效率的地方，規劃上結合人體工學設計才不會讓下廚總是很腰痠背痛，一般下廚都會花一至兩小時在料理檯前，因此工作區上下櫃的高度決定使用的舒適度，料理爐檯高度要配合主要下廚者的手肘高度，讓手肘可以自然垂放炒菜等動作，符合人體工學的料理爐檯高度算法為（身高 ÷2）＋5 公分，舉例來說，掌管大廚的爸爸身高 178 公分，那料理爐檯適合的高度就是（178 公分 ÷2）＋5＝94 公分；由於清洗和炒菜身體工作部位不同，炒菜主要運用手肘，清洗則施力在腰部，因此建議水槽檯面比瓦斯爐略高約 5 公分。

備料區檯面如果空間足夠檯面儘量寬敞，最好有 80 ～ 100 公分以上比較好使用，最小不要小於 45 公分，而瓦斯爐安裝時側邊建議與牆面距離 40 ～ 60 公分，預留手炒菜活動的空間。

廚具上方的吊式櫥櫃高度及深度以不撞到頭為原則，至少距離檯面約 60 ～ 70 公分，深度約 30 ～ 35 公分，比較好拿取物件而且不會撞到；此外，吊櫃規劃也經常配合抽油煙機和烘碗機統一設計，抽油煙機安裝的最佳高度，最好是距離檯面 65 公分左右是最佳烹飪與集油的高度。

另外，廚房走道寬度則至少有 90 ～ 130 公分，這樣即使兩人一起下廚料理，也能輕鬆錯身不擁擠。由於居家條件及使用者身高體型都有所不同，因此配置時應依照實際情況進行些調整，廚房才能真正就手。

符合人體工學的料理爐檯高度算法為（身高 ÷2）＋5 公分

符合人體工學的洗滌水槽高度算法為（身高 ÷2）＋10 公分

04 ▶ 開放和封式的選擇

隨著生活形態的轉變，廚房已經成為居家生活的重心，廚房的格局上可分為「封閉式」與「開放式」，雖然說開放式廚房似乎成為主流，但其實也不盡然適合每個家庭，還是有各自的不同的優缺點。

· 封閉式廚房

封閉式廚房擁有明確而獨立的作業場域，適合喜歡專心作菜不被打擾，或者習慣大火快炒的人，但相對與家人的互動性比較低，若是廚房空間太小，也容易感覺滿室油煙，因此封閉式廚房整體的通風設備和照明要做好，才能減少壓迫感。

優點／

· 阻隔烹調產生的油煙氣味不會飄入室內其他空間。
· 專屬空間門片拉起不用擔心作菜被打擾。
· 廚房風格可獨立規劃，不用配合整體風格搭配。

缺點／

· 若空間坪數不大，封閉式廚房容易使公共空間顯得侷促。
· 若通風沒做好料理產生高溫使廚房很悶熱。
· 獨自在廚房孤軍奮戰較難與家人有所互動。

▶ 封閉式廚房可搭配開放的輕食吧檯根據料理習慣和需求靈活使用。空間設計暨圖片提供｜爾聲空間設計

▸ 透過整體設計，開放式廚房以黑白對花大理石搭配珊瑚粉色廚具成爲空間重要端景。空間設計暨圖片提供｜甘納設計

·開放式廚房

將廚房、客廳和餐廳全規劃在在同一場域中，之間沒有隔間牆區隔，讓整體空間看起來開闊，家人活動的範圍也就更不受限制，互動性也更高，可以成爲居家活動的核心。但東方人用油煎煮的下廚習慣難免會產生油煙，長時間下來整個空間就會黏膩，因此開放式廚房要安裝排氣能力強的抽油煙機，或者多增設快炒區來解決。

優點／

·視線動線無阻隔能擴大整體空間視野及活動範圍。
·料理時能一邊與家人聊天互動，增加交流時光。
·開放空間使烹調時較不悶熱，下廚時較不會汗流浹背。

缺點／

·檯面要隨時保持清潔否則會使空間感覺雜亂。
·料理味道較重的菜色，或者廚餘氣味會飄散到空間。
·長時間下來油煙容易讓空間變得黏膩難清理。

2

材質 material

堅固易清又好看，廚房材質不簡單

對掌廚者來說，廚房是重要的工作場域，煎、煮、炒、炸等烹煮方式不但會產生油污，也必須經常接觸高溫或冰冷的食材，加上處理食材、飯後碗盤的菜渣廚餘，都讓廚房比其他空間更容易變髒產生污垢，因此在規劃廚房時需要謹慎挑選材質，不但要美觀更重視耐髒、好清潔，同時抗菌、防霉也不能少，讓居家廚房美感和實用兼具。

▸ 廚房牆面運用潑墨大理石與鉻綠鏡面櫥櫃展現視覺張力。
空間設計暨圖片提供｜甘納空間設計

▸ 石材檯面硬度高、耐高溫，獨一無二的天然紋理爲空間增添高雅氣息。空間設計暨圖片提供｜甘納空間設計

01 ▸ 重污區，怎麼選才好清

需承重耐高熱的料理檯面

廚房料理檯面是使用最頻繁的地方，幾乎所有料理作業都在這裡完成，材質選擇要能抵抗油污、水漬、黏膩油煙以及高溫的鍋爐的種種考驗，確保日後好保養、易清理。

・天然石材檯面

適用於檯面的天然石材有大理石、花崗岩等質地較堅硬，具有耐刮、抗磨、耐熱特性的石材；大理石密度較低，深色醬料容易滲入不好清理，花崗岩密度較高，較結實耐用，是廚房檯面首選。由於天然石材取於大自然，長度受到限制，若檯面比較長可能要做接縫處理。

・人造石檯面

人造石檯面主材質是由樹脂、填充材、色粒及顏料合成的仿石材材質，可塑性高，可配合廚具量身打造，而且人造石表面平滑無接縫，容易清潔維護，但樹脂材質容易因不小心刀剁、碰撞而產生刮痕，或留下醬料污漬，耐熱性也比石材相低，燒熱的鍋底若直接放在檯面上可能出現焦痕，使用時要特別注意。

・石英石檯面

石英石檯面是由天然石英砂、碎玻璃加上樹脂高溫高壓方式製成，具有人造石表面平滑無接縫優點，也有天然石材高硬度、高耐熱特色，在正常使用情況下，不易出現因熱鍋爐火等高熱造成軟化、變形等現象，是經久耐用材質，雖然價格略高卻能省下日後維護的麻煩。

・不銹鋼檯面

早期櫥櫃料理檯面的傳統材料，一般是在高密度防火板表面加一層薄不銹鋼板包覆而成，由於耐酸鹼、堅固耐用、易於清洗特性，仍是專業餐廳廚房檯面材質首選，不過金屬材質表面容易產生刮痕。

需防潮耐酸鹼的櫥櫃門片面

櫥櫃門片面大多是在底材外層加工裝飾，然而廚房本身就是用水頻繁區域，加上臺灣氣候悶熱潮濕，選擇板材加工外層最好能防止水氣進入，才能延長使用壽命，且需以清潔劑擦拭，材質要能抗酸鹼這點也不能忽略。

・美耐板門片

美耐板是以浸過特殊樹脂的裝飾色紙，再加上多層牛皮紙層層堆疊後，經由烘乾硬化高溫高壓製成，又稱耐火板，黏貼後不用再上漆施工容易，最大的特點是耐高溫、耐刮、耐髒，用酸鹼清潔劑也沒問題，是實用又實惠的材料。

・結晶鋼烤門片

結晶鋼烤的材質是將染色壓克力色板膠合在木芯板、塑合板等底材，和美耐板相比，無痕接縫結晶鋼烤更能避免水分滲入，防潮效果更好，適合臺灣高溫潮濕的氣候，使用年限會比美耐板較長，但缺點是壓克力耐高溫性較差、表面容易刮傷。

· 鋼琴烤漆門片

廚櫃鋼琴烤漆門片類似木工做法，是以密集板爲底材外層貼皮再噴漆，約需經過二十幾道烤漆、研磨與拋光打蠟程序讓漆料完全包覆底材，烤漆面色彩亮麗具有質感，但如果因撞擊產生破口讓底材接觸到濕氣或是水氣，面板就會膨脹異變。

· 實木貼皮門片

有些人擔心實木貼皮門片的清潔及耐用性，其實貼覆於底材的木皮薄片，表面會經過特殊漆或科技塗料處理，因此不易刮傷也易於清潔擦拭，且可保有天然木質紋理及溫潤色感。

抵抗油污噴濺的防濺牆材質

水槽與烹飪區的壁面容易沾附炒菜噴濺的油污及水漬，要特別注重防濺板的選材，減少繁複下廚工作之後所清潔的時間和精力。好清理、耐髒污的磁磚和烤漆玻璃，是很受歡迎的廚房防濺板材質，在選擇上仍要注意一些要點。

· 磁磚材質

磁磚優點多多，防潮、易清潔的特性適用於用水頻繁的廚房防濺牆上，磁磚種類眾多，選擇上最好以吸水率低，表面有施釉的款式，多了一層釉面不但更能防水還能抗酸鹼，雖然磁磚相當好保養，但縫隙仍容易卡油污，每次使用完都要及時清理。

· 烤漆玻璃材質

烤漆玻璃是將清玻璃背面噴上有色的環保漆，再經過高溫烘烤、風乾定色等工序製成的玻璃。它的特色在於光滑無孔隙的表面很好清潔，也不易有刮痕，缺點就是不能二次加工，在安裝前必須事先規劃好牆面的配置，預留鑽孔、插座等位置。

▸ 活潑大理石線條的廚房牆壁磚提供豐富的紋理背景，同時也耐髒好清潔。
空間設計暨圖片提供｜爾聲空間設計

▸ 開放式廚房規劃，雖然空間更開闊，也有利於家人互動，但同時也比封閉式格局更注重空間美感，因此在材質選用上，需和整體空間搭配，達到風格與調性的一致。空間設計暨圖片提供｜木介空間設計

02 ▸ 除了機能，還要很有風格

開放式格局讓廚房設計必須納入公共空間來思考，使整體風格保持協調一致，廚房呈現的樣貌因此可以有更多可能性，甚至主導空間呈現的調性，材質選擇上也不再拘泥於實用功能層面，還更要兼具美感，讓廚房好用又好看。

大膽採用特殊樣式裝飾壁面最吸睛

位於上櫃與下櫃之間的防濺牆雖然面積不大，卻是廚房裡最容易看到的牆面，在選材上多一點巧思就能創造具有特色的視覺效果：款式和花色多樣的磁磚是最能創造牆面創意的材質，像是六角磚、鐵道磚、花磚或魚鱗磚等都是近年流行的款式，大膽在防濺牆使用特殊樣式的磚材，能為制式的廚房帶來獨特的視覺感受。

烤漆玻璃也是很受歡迎的防濺牆材質，

款式大致可分成簡約的單色烤漆、帶點奢華光澤感的金銀蔥粉烤漆及客製圖案三種，烤漆玻璃表面光滑不透光，顏色多變可輕易搭配各種廚櫃風格，反光特性還有放大空間效果，是 CP 值很高的廚房牆面建材。

從機能層面考量選擇美觀的料理檯面

廚房的料理檯面雖說以實用性為主要考量，但現在有不少好看的材質可對應風格，以最常見的幾種檯面材質來說，天然石材每塊漂亮又獨特的自然紋理可提升空間質感，很適合追求與眾不同或喜歡高貴奢華感的人；人造石檯面雖然耐熱度不比天然石材，但花樣和顏色性選擇多，且可以配合設計提供多種前衛造型；石英石結合天然石材與人造石材優點，具有豐富的色彩和紋理，不過加工不易，檯面可變化度較單一；不鏽鋼檯面個性鮮明，給人俐落冷調的感覺，現代重新設計後擺脫傳統樣貌，是表現工業風的重要材質。

最能表現廚房整體美感的櫥櫃門片材質

櫥櫃門片可是說是展現廚房門面最重要的地方，材質及顏色都要能呼應客廳、餐廳風格，像是價格親民，又好保養的美耐板除了基本的單一顏色，還有木紋、石材、金屬樣式，近年更有皮革、布紋以及絲絨等表面樣式可選擇，最能變化出多元樣式；結晶鋼烤門板呈現有如鋼琴烤漆的外表，色彩感覺較溫潤、飽滿，經過仔細研磨能做到無接縫的一體感；鋼琴烤漆與結晶鋼烤感覺呈現很想近，但鋼琴烤漆還有木紋等不同紋理處理方式，細節質感上仍略勝一籌。

▸ 不銹鋼檯面和不同材質搭配能呈現具有藝術感的當代風格。
空間設計暨圖片提供｜甘納空間設計

收納 storage

巧妙利用空間廚房收納沒煩惱

談到收納議題，廚房絕對重要篇章，想要煮一頓美味的料理勢必會用到不同尺寸的鍋碗瓢盆，各種用途的廚房道具，還有大大小小的調味醬料，這些都要同時容納在同一個空間裡，若沒有妥善安排這些物件的容身之處，凌亂不堪的廚房擾亂了下廚動線，讓煮飯時手忙腳亂，運用量身打造的收納櫃搭配五金配件，才能有事半功倍的廚房空間。

▶ 吊櫃改為層板設計，雖說收納量減少，但在右側規劃大型收納牆，不只收納量大增，還能收進小家電，並特別加設門片，可隨時關上遮掩凌亂感。
空間設計暨圖片提供｜甘納空間設計

01 收納沒有死角，畸零角落一樣好用

廚房是雜物繁多的地方，常常煮完一頓飯就像打了一場混戰，想要廚房隨時保持整潔，幾乎是每個下廚者的夢想，除了固定的櫃體之外，其實還有很多畸零角落沒有好好被利用，像是料理區域前方的壁面，廚櫃側邊的窄長縫隙，還有櫃體轉角處，這些看似不起眼的小地方其實只要善加利用就能能發揮大功能。

檯面雜物設置壁面層板吊架歸位

煮飯時老是覺得檯面不夠用？這時就要好好規劃料理區域前方的壁面，讓收納更有彈性。最簡單的方法就是增加長吊桿及掛勾，從水槽區域開始可以吊掛抹布、杯刷等清洗用具，再延伸過去則可以掛鍋鏟、夾子、果皮削刀等使用頻繁的料理道具，或者安裝層架擺放塩、糖、胡椒等經常使用的調味料，另外，爐台前方則可以安排鍋蓋架，讓下廚時可以順手取用並且立即歸位，這樣自然而然空出許多檯面空間可使用。

櫃邊窄小縫隙以高身櫃解決

規劃廚具時，櫥櫃兩側難免會有窄小不好利用的空間，不妨按照縫隙寬度設計高身櫃來化解這尷尬的地方。別小看這個窄長的空間，能收納物品的量其實不少，高身櫃一般都是頂天尺寸，大多以滑軌抽拉形式內部搭配五金網籃，方便儲放雜糧、香料、餅干等零散袋裝的乾貨，只要整個櫃子拉開物品就一目瞭然，省去翻找物品的麻煩。

機能五金配件有效利用轉角深處

若家中櫥櫃是規劃成 L 型或 ㄇ 字型一定都會有轉角空間，這個地方通常深度很深不好運用，一但把東西放進去就很難拿出來，久而久之就變成堆積雜物的閒置空間，這時櫃子可以搭配轉角五金配件固定於門片上，開啟時帶動置物籃輕鬆拿取深處的物品，另一種半圓轉盤也可固定在門片上並能整個拉出，還有只能在櫃內旋的 360 度圓形轉盤，適合用在斜面的櫃體內，這兩種圓形五金仍有部分角落無法完全利用，但仍能解決櫃深過深不好取物的問題。

02 吊櫃、開放式層板、高櫃、電器櫃要這樣收最有效率

廚房電器日新月異，從過去的單純的電鍋、烤箱、微波爐，到現在氣炸鍋、水波爐、舒肥機、卽熱開飲機……電器種類越來越多樣化，在規劃廚房前要一併思考常使用到的電器有那些，以及平時的使用習慣來設計櫃體，才不會做出流於形式反而浪費空間的收納設計。

檢視電器品項家電各就各位

製作電器櫃首先要盤點廚房家電有那些，才知道該規劃多大的空間來容納這些電器，一般來說可以依使用頻率、大小尺寸來分類，將經常使用的電器放置在較順手的位置減少移動步伐，其他較少用的小型家電則可以集中收納在檯面附近的上下櫃子裡，方便日後拿出來使用；較大型家電如：冰箱、洗碗機等，則需要有專門的空間以嵌入式整合，才不會佔據太多位置，如果有指定品牌的家電可以告知設計師電器型號，才能根據散熱位置、開合方向等做規劃設計。

配合身高配置吊櫃高度才好取用

利用垂直牆面的壁掛吊櫃，可以增加不少廚房的收納量，但若吊櫃位置尺寸不對，反而成爲堆積雜物的廚房倉庫。

通常吊櫃寬度會配合底櫃，而深度爲 30 ～ 45 公分左右，下緣距離檯面高度大約 55 ～ 65 公分左右，吊櫃高度位置應該隨主要使用者來配置，才能讓放置在較低層的物品隨手取得。

然而考量到吊櫃的承重力和取物的人體功學，儘量收納較輕而且不容易碎裂的東西，不過如果廚房空間不大安裝吊櫃反而讓空間顯得壓迫，不妨改用開放式層板取代，放置一些常用的小型鍋具、電器等，層板也能使視覺和空間感更爲輕盈開闊，現在也有不少廚房設置兼具吧檯使用的中島，上方可以利用空間增加層板吊櫃，擺放調味罐或者掛杯架方便用餐時直接拿取。

▸ 在吊櫃下方搭配開放式收納，方便擺放常用又好看的碗盤，兼顧收納與裝飾目的。
空間設計暨圖片提供｜爾聲空間設計

03 ▸ 這樣的收納尺寸最好用

廚房是雜物繁多的地方，常常煮完一頓飯就像打了一場混戰，想要廚房隨時保持整潔，幾乎是每個下廚者的夢想，除了固定的櫃體之外，其實還有很多畸零角落沒有好好被利用，像是料理區域前方的壁面，廚櫃側邊的窄長縫隙，還有櫃體轉角處，這些看似不起眼的小地方其實只要善加利用就能能發揮大功能。

依照習慣及動線規劃收納尺寸

大部分的底櫃都會搭配方便的抽屜收納，抽屜配置需要配合「下廚動線」、「使用頻率」為原則來規劃，才能將物品放在適當位置。

抽屜尺寸視收納物品來決定大多從 30 ～ 70 公分不等，像是瓦斯爐下方最接近烹飪檯面，建議配置兩個有五金拉籃大抽屜，寬度以瓦斯爐寬度為基礎大約 90 公分，高度大約 30 ～ 40 公分，主要放置較重的炒鍋、湯鍋或盛菜用碗盤，要留意的是超過 70 公分的大抽屜要使用承重較好的滑軌。

水槽大小要視檯面長度來決定，否則會壓縮到料理檯面空間，以單槽水槽來說，常見尺寸長度大約從 43 ～ 97 公分不等，因此最少要多預留 10 ～ 15 公分左右櫃體來安裝，水槽寬度不要小於 50 公分，因為一般炒鍋約 38 公分，50 公分寬的水槽才能完全放入清洗。

底櫃中段的標準作法是配置抽屜，第一、二層通常規劃高度 8 ～ 15 公分較淺的抽屜收放積體較小的刀叉、湯匙，再下方抽屜可放置碗盤、餐具，讓洗碗烘乾後可以順手收納，抽屜深度都不頂到牆面，50 公分左右最適合抽拉。

善用收納配件來提高抽屜收納的效率

廚房道具的大小尺寸都不盡相同，全部塞進抽屜勢必顯得雜亂無章，因此底櫃安裝全拉式的抽屜外最好搭配抽屜分隔版，不但可以完全看到所有物品的擺放位置，分隔版則有助於讓抽屜內物品有條不紊的分類，找東西時更容易。

而下廚料理免不了一些零零碎碎的小道具，還有塩、糖、胡椒等調味料，這些小東西利用寬度大約 20 ～ 40 公分的側拉籃來放置，就能方便料理時順手取用。

實例應用

· （左上）**中島廚區整合用餐、書櫃，坪效高也拉近情感**

中古屋原本的廚房爲獨立封閉形式，考量家庭成員僅有夫妻倆，加上沒有經常下廚，多以輕食烹調居多，因此改爲開放式設計，甚至將爐具與餐桌一併整合規劃於中島廚區，夫妻間的互動更爲緊密，空間的利用性也更高。一側牆面則完整配置電器櫃、冰箱等家電設備，一轉身卽可拿取，動線十分有效率。空間設計暨圖片提供｜木介空間設計

· （右頁上）**銀竹玻璃圍塑可獨立又通透的廚房空間**

旣想要傳統封閉式廚房，又希望不要犧牲空間開放性，同時還得兼顧充足的收納量，因此選用銀竹玻璃圍塑出半通透視覺感，色調配置上以吊櫃白色、下櫃爲木紋門板與地板有延續效果，也讓整體清爽溫潤，水槽上端則規劃鐵建層架，可收納杯子或乾貨，亦可降低壓迫性。空間設計暨圖片提供｜實適空間設計

· （右頁下）**開放半牆爭取空間感，日式廚具創造最大收納量**

室內 8 坪、超過二十年的中古屋改造，原始廚房規劃於陽台區域，對喜歡沖煮咖啡、熱愛烘焙的夫妻倆實在不合用，釐清生活優先順序後，著重廚房與餐廳場域，110 公分半牆圍塑的開放廚房毗鄰著入口處，加上橫拉門設計，維持通透也阻擋愛貓進入，機能部分透過日式品牌廚具滿足收納量，上櫃以層板取代吊櫃，避免壓縮空間尺度，也更具生活感。空間設計暨圖片提供｜十一日晴空間設計

· （左頁）**鐵件、深木色與磚材拼湊個性化廚房間**

開放式廚房延續客餐廳的工業氛圍，主要廚具選用日式品牌，滿足收納機能，夫妻倆平常工作忙碌較少下廚，但屋主太太對特殊風格設計有獨特偏好，因此特別增加中島吧檯，吊櫃更改爲鐵件吊架，搭配地鐵磚壁面、嵌入菱形造型地磚，拼湊出屋主喜好，另一側則選用進口面板打造出協調的電器櫃。空間設計暨圖片提供｜十一日晴空間設計

· （右上）**外放餐廚房讓用餐日常也精彩**

從澳洲回台灣定居的一家人，將長輩留下來的國宅翻新整理，希望能重新建構老屋格局，複製在澳洲簡單自在的生活形態，於是利用開放式廚房展開休閒感居家氛圍，將廚房從原本封閉式的小空間移出接續玄關動線，簡單的一字型檯面搭配中島並規劃內凹處放置冰箱，形成流暢的下廚動線，木質餐桌由中島處延伸，讓餐廚房成爲生活裡的重要場景。空間設計暨圖片提供｜爾聲空間設計

· （右下）**MUJI 經典層架滿足收納更放大空間感**

對熱愛烘焙料理的屋主來說，家電與廚房道具收納絕對是必要考量，不過爲了保持空間的寬敞度，倚牆面特別選搭無印良品經典的開放層架取代櫃體，一目瞭然的收納更好取用，廚具吊櫃最右側則是增加開放櫃體，前端以細緻鐵件當作擋板，防止杯子滑落。空間設計暨圖片提供｜實適空間設計

· （左頁）**開放式中島廚房形塑場域重心**

中島廚房串連起後方兩扇門的空間關係，左側弧形拱門內的餐廳以暖奶茶色調營造細緻而典雅的東方韻味，賦予獨立空間私密的安全感，成為屋主飲茶品酒的天地，右側藏靑色調的空間則是身兼工程師與健身教練的男主人運動訓練的地方，附有獨立衛浴方便未來作為私人教練教室使用，柔性布縵平衡理性線條，在遊走動靜間活絡空間視覺層次。空間設計暨圖片提供｜甘納空間設計

· （右上）**獨立廚房配置特色廚具打造英式廚房**

曾經留學英國的屋主重視動線以及進門方式，因此由餐廳進入到廚房空間採用雙開門形式建立出儀式感，獨立式廚房配置 L 型檯面及中島，給予下廚時充足的備餐空間，廚具濃郁的橄欖綠搭配金色把手，與大理石紋磁磚營造出優雅輕奢華基調，創造出一個精緻卻不失輕鬆的交誼場域。空間設計暨圖片提供｜爾聲空間設計

· （右下）**廚房位移開放，滿足聚會與料理需求**

屋主喜歡和朋友聚在一起做菜聊天，因而將新成屋既有獨立的一字型廚房往公領域挪動且開放，另擴增配有 IH 爐的中島，左側則包含電器櫃與冰箱位置，讓大家可以圍繞著中島聚會。廚房色調延續既有廚具作發展，隔間局部貼飾鏡面，讓天花板產生無限延伸的深邃放大效果，右側牆面鏤空設計則為了能與玄關互動，通透的視覺，可隨時察覺家人動態。空間設計暨圖片提供｜實適空間設計

· （左上）**前瞻圖紋搶眼搭配打造時髦廚房**

銜接玄關的廚房運用鮮明的色彩及紋理描繪空間印象，暗紅、青藍與純白的六角磚從玄關延伸進入長矩型廚房，立面則以潑墨紋理的大理石與鉻綠鏡面電器櫃呼應出濃烈的當代藝術風格，棕金色鍍鈦框架隔間伴隨長虹玻璃引入柔和光線，點亮廚房的愉悅輕盈感。空間設計暨圖片提供｜甘納設計

· （右頁上）**冷調黑白灰，簡約立面收整電器、櫃體與門片**

由於屋主料理頻率高，且擔心油煙問題，格局變動時將原有廚房擴大，加上因是老屋翻修，排水線路異動可行性也較高。簡約乾淨的白色立面整合嵌入式家電與櫥櫃，賦予豐富的收納機能，最右側更隱藏了通往內廚房入口，大面積量體、中島皆以白色調鋪陳，並穿插些許黑灰比例，回應屋主對於冷色調的喜愛。空間設計暨圖片提供｜木介空間設計

· （右頁下）**擴大尺度打造一應俱全的ㄇ字型廚房**

屋主習慣做中式料理也喜歡品酒，因此在中古屋格局調整上，便將原始小小的一字型廚房擴大為ㄇ字型廚具，自然增加許多收納空間，還可以根據物品種類來區分，而玻璃拉門適當地阻擋油煙，與維持通透延伸的視覺效果。一方面利用拉門外的迴轉過道，以鐵件層架規劃出酒瓶收納，也能避免壓縮行走動線。空間設計暨圖片提供｜實適空間設計

· （左頁上）**餐廚合一，納入翻倍收納**

　調動廚房格局拉大空間，內部再增設中島，中島能作爲備料與餐桌，打造餐廚合一的空間。同時設置吊櫃、置頂電器櫃，收納更充足，中島一側也刻意安排隱藏收納，難以運用的廚具轉角也機能滿滿。廚房地面則採用黑白花磚鋪陳，耐油污好清潔，而餐廳區再以石塑地板相接，防水又耐磨。空間設計暨圖片提供｜拾隅空間設計

· （左頁下）**冰箱外挪、拉寬中島，擴大料理範圍**

　屋主有下廚與烘焙的習慣，也經常邀集親友聚會。爲了讓廚房擴大料理區域，冰箱往餐廳挪移，保留較長的廚具檯面，中島寬度則拉到 158 公分，開闊的檯面讓烘焙、備料都相當充裕，親友也能圍繞在此談天用餐。檯面則運用賽麗石，硬度高、耐熱，事後方便清潔維護。空間設計暨圖片提供｜樂洺設計

· （右上）**復古花磚點綴，豐富視覺**

　由於屋主經常下廚，對於廚房收納相當重視，安排一字型廚具，吊櫃做到置頂擴增收納。考量到屋主身高較爲嬌小，吊櫃安排下拉式五金，方便收納拿取。檯面採用不鏽鋼材質，清潔維護更容易，牆面則鋪陳復古花磚，地面則以陶板磚相襯，注入懷舊復古氣息。空間設計暨圖片提供｜樂洺設計

· （右下）**設置中島與電器櫃，延展廚房空間**

　由於廚房空間不大，沿著台面安排中島，牆面則嵌入電器櫃與冰箱，廚房不僅能往公領域延伸放大，也形塑機能滿滿的 U 型配置。同時廚房入口也安排玻璃拉門，需要時能成爲獨立空間，有效阻隔油煙。中島台面鋪上仿大理石薄板，並再設置水槽，讓飲水與洗菜備料的水槽分開使用，兼具實用與美觀。空間設計暨圖片提供｜拾隅空間設計

BEDROOM

CHAPTER 5

臥房

臥房設計最重要的幾個規劃包含收納、顏色與燈光配置，收納上應
先思考衣物樣式，顏色挑選可從自身喜愛風格為著手，加上基礎光
源與重點照明的運用，就能打造出實用又舒適睡寢空間。

`POINT`

收納 storage

注意動線與櫃體尺寸、形式，
使用更便利好拿取

臥房收納以衣櫃為基本，應先評估衣物與其他配件的數量多寡、形式，再來決定櫃體
內的細部該如何妥善規劃與安排，同時留意櫃子的高度與深度尺寸與行走間距。

▸ 床頭背牆以木作壁板做法，打造開放式邊櫃，相較於床頭櫃來得更實用。空間設計暨圖片提供｜木介空間設計

01 ▸ 根據衣物、配件種類規劃櫃體細部設計

臥房最主要的收納不外乎是衣櫃，櫃體深度為 60 公分，在規劃之前可思考一下需要收納的衣物種類包括哪些，通常最基本的為吊掛空間、折疊衣物，吊掛高度一般大約是 100 公分，但如果長大衣、長洋裝等衣物類型較多的話，建議增加吊掛區域，且高度最好在 120～150 公分左右，若是偏好折疊式收納的話，可於衣櫃下層增加抽屜，常見高度

有 16 公分、24 公分，可根據衣物類型來做挑選。

除了衣物種類之外，再細分下去還可包含如：包包、領帶、內衣褲、棉被以及行李箱等收納需求，領帶建議可搭配分格式的抽屜形式，包包則多以開放格櫃設計居多，可避免擠壓變形，也較為通風。

另外像是棉被通常發生於換季階段才需拿取，可善用衣櫃上層或是床頭櫃的空間解決，而行李箱則應考量使用頻率以及尺寸，大型行李箱建議直接放入衣櫃下方空間，較好拿出、推入收納。

此外，現在也有愈來愈多人習慣將穿過的衣服或外套單獨收納，若你也是偏好這樣的生活方式，也可利用臥房角落規劃一處開放吊掛區域。

衣櫃設計上，大致根據風格挑選門板材質，若喜歡簡約一點，可採用隱形把手設計，若臥房縱深有限，門板還可選用如玻璃材質，通透視覺效果避免造成壓迫，同時也有許多做法會將衣櫃與梳妝台整合在同一立面，優點是讓櫃體更有變化性，不過也會因此減少一些衣物的收納量，規劃之前務必仔細斟酌。

▸ 若臥房坪數不大，可採用簾幔搭配吊掛形式創造通透的半開放衣櫃。空間設計暨圖片提供｜木介空間設計

02 ▶ 這樣的收納尺寸最好用

臥房基本配置為床、衣櫃，在規劃上務必留意動線尺寸，舉衣櫃和床為例，兩者距離建議至少應有 90 公分，行走空間比較舒適之外，也才不會有開啟衣櫃門片打到床鋪的問題，若真的臥房坪數不大，那麼也最好留到 60 公分左右，同時衣櫃門片選用滑門形式，減少開門時的迴旋空間，另一種做法是考慮改變吊掛的方式，換成正面吊掛，如此一來衣櫃的深度就能稍微縮減，但吊掛的數量相對有限。

另外若是臥房存在角窗，也可以利用角窗這類畸零空間規劃五斗櫃，一般高度約為90 ～ 100 公分之間，以不遮擋窗戶為主，但又能擴充折疊衣物的使用。主要衣櫃之外，常見為了解決床頭壓樑的風水禁忌，也會在床頭後方設計吊櫃與下背櫃，爭取更多儲藏空間，或者是捨棄下背櫃，以木作壁板拉出一面兼具床頭板的背牆，同時整合內嵌式層板櫃設計，取代床頭邊櫃，更好用也反而更省空間，層板櫃深度與床尾可留下的走道空間息息相關，通常淺一點可介於 6 ～ 8 公分左右，適合擺放手機、眼鏡等小物件，若走道仍有超過 60 公分的餘裕，也可以做深一些擺放棉被或寢具。

▶ 床頭後方經常利用樑下做出吊櫃與下櫃，增加收納空間。空間設計暨圖片提供｜木介空間設計

POINT 2

色彩 color

以灰階、暖色調鋪陳，
帶來安定療癒之感

臥房配色還是以舒適、沉澱情緒爲主要考量，常見運用概念是延續公共廳區用色，但
臥房的明度或彩度可降一階，創造出更爲放鬆、同時整體空間具有層次變化的效果。
其次可根據對於風格的喜好作爲選色參考，奶油色、杏色可營造韓系溫暖淸新感；運
用礦物塗料或水泥系特殊塗料，則能形塑自然原始的寧靜氛圍。

▶ 臥房牆面採用雙色搭配法，床頭主牆爲深灰綠色，展現沉穩放鬆的氛圍，側牆則是百搭的米白
色，並搭配紅色斗櫃家具爲跳色，創造提亮空間視覺的效果。空間設計暨圖片提供｜實適空間
設計

臥房屬於休憩放鬆的私密場域，色彩的搭配著重能創造自在舒適為主，最簡單的配色邏輯是延續公領域相同色系，讓家有整體性，也可融入深淺色階做出層次變化。

再來是依據對於風格的偏好來挑選顏色，最常見且不容易失敗的配色是，選擇白色、米色，配上像是樺木、白橡木等淺色木頭元素，可呈現簡約純淨氛圍，適合喜歡日式無印風或是北歐風格。

另外，這幾年韓系風格深受歡迎，若主牆面選擇奶茶色、杏色、奶油色這類溫和平靜顏色的話，周邊家具或軟裝建議可搭配如木頭、藤編、亞麻等材質，就能營造自然清新的調性。假如偏好更沉穩寧靜一點的氣氛，可挑選彩度較低的棕色、灰色、藕色，或是加入灰階的各種清淡色調作為牆面主色，這類中性暖色也具有好搭、百搭特性，可提升臥房的整體質感。

若為簡約風格愛好者，或是追求原始質感的侘寂風格居家，近期也十分盛行礦物塗料、仿水泥質地的特殊塗料，透過不同鏝抹的工法，可呈現細緻或粗獷等不同紋理，且不只局限於單一主牆面的塗布，有時結合設計手法，也會從壁面延伸至天花板，更能有圍塑平靜祥和的氛圍效果。

▸ 臥房床頭主牆以上下分段為設計，選用米色做大面積比例鋪陳，搭配藍灰色讓空間具有層次且提升質感，同時床頭繃布也選用一致的藍灰色調，與牆面協調且融合於一體。空間設計暨圖片提供｜實適空間設計

POINT

3

燈光 light

嵌燈搭配重點照明，創造柔和放鬆氣氛

相對公共領域，臥房光源一般不會過於強烈，色溫通常控制在 2800 ～ 3000K 左右，會建議主要配置嵌燈給予基礎亮度，另外針對床頭兩側、衣櫃或是梳妝台部分加入重點照明輔助即可。

以暖色光為基調搭配不同光線

用來休息睡眠的臥房，照明配置基本原則是選擇柔和不刺眼的光線，所以通常燈光色溫不會太強，一般會建議控制在可讓人感覺柔和且放鬆的 2800 ～ 3000K 左右的暖色光為佳。而為了兼顧其他在臥房的使用行為，像是更衣、化妝、閱讀等，通常會再以嵌燈、間接照明（光帶）搭配局部重點照明，不過規劃時要注意避免光線直接照射床上，以免影響睡眠質量。

此外，臥房較少會使用懸吊型主燈，因為這類燈具屬於裝飾型使用，裝設位置最好選擇床尾或是走道，避免對睡眠造成壓迫。嵌燈則多半是分區設置，大致上會分佈於床側走道天花、房門與衛浴入口，建議可採用分區做開關設計，使用上更為靈活且彈性。

▸ 若有閱讀需求，床邊可增加壁燈做重點照明，並選擇可調整角度為佳，使用上更彈性。
空間設計暨圖片提供｜
木介空間設計

留意臥房局部照明色溫

另外以床頭主牆來說，可利用木作壁板造型或是吊櫃上下隱藏間接光源，烘托出柔和的氣氛光源，若需要閱讀照明，則可於床頭兩側規劃壁燈或是吊燈，高度建議離地約80～100公分之間，壁燈若能調整角度尤佳。而由於安排在床頭的燈光，通常也是睡前點的最後一盞燈，需兼具基本照明、局部照明及裝飾照明三種功能，光照效果要集中且明亮柔和，不但要滿足睡前閱讀的亮度，還要符合夜間休憩的狀態，因此選用給人溫暖感覺的低色溫光照較適合。

其他像是梳妝台、更衣間與衣櫃，則得適當規劃重點照明補強光線，以梳妝台為例，建議配置鄰近自然光源處，人造燈光最好環繞鏡子的四周，同時選用約4000K左右的白光燈為佳，如此才不會容易產生色偏以及陰影。至於更衣間或是衣櫃，吊掛衣物的地方或是角落可搭配感應燈、燈帶做法進行輔助照明，挑選衣物時更為便利。

▸ 臥房主要照明規劃多以嵌燈為主，並配置於走道與床尾處，營造柔和放鬆的氣氛。
空間設計暨圖片提供｜
木介空間設計

▸ 將光源藏在床頭後方，壓克力材質內設置LED燈條，結合簡單乾淨的白牆，產生的光源已相當足夠，並在側邊梳妝區增加壁燈，以提升空間明亮度。
空間設計暨圖片提供｜
十一日晴空間設計

實例應用

· （左頁）**根據衣物做分區收納設計**

將主臥原本衛浴改為半套式設計，釋放更多空間給睡寢區。主要著重衣物收納，並根據種類做分區設計，例如床側的開放吊掛區，放置穿過的衣物，下方是屋主自行添購的矮櫃家具，擴充折疊衣物收納。床尾利用完整牆面規劃大面衣櫃，鄰近角窗區域變成低矮平台，保留窗戶視野，床頭則以木作做出壁板，一併打造內嵌式置物平台，比起床頭櫃來得更好用。空間設計暨圖片提供｜甘十一日晴空間設計

· （右頁上）**架高平台可坐可臥，還兼具收納**

雖是主臥，但由於兩個孩子皆屬學齡前兒童，平常在家喜歡到處坐、躺，設計師特別利用地坪高度做出空間場域交界，類似於臥榻的概念，架高檯面讓孩子們也能坐在上面玩玩具或是遊戲，而平台本身亦有規劃抽屜提供收納。窗戶則刻意採用木框包覆修飾，創造如畫框般的效果。空間設計暨圖片提供｜木介空間設計

· （左上）**善用大樑、角窗打造完善的收納機能**

將原有四房變成二大房，夫妻倆各自擁有一大房，此為屋主太太臥房，通往衛浴的門扇以穀倉門打造而成，扣合其喜愛個性化的物件。角窗區域搭配木作櫃規劃斗櫃，床頭上方的大樑則運用上下櫃形式予以化解，完善臥房的衣物與寢具被品等收納需求，電視櫃則是女屋主自行採購配置，鐵件與深木色特色延續公領域的設計。空間設計暨圖片提供｜十一日晴空間設計

· （右頁）**利用櫃體配置有效收納衣物**

即便臥房坪數足夠規劃更衣室，然而床的面寬卻會縮小，衡量之後決定利用櫃體劃分衣物管理予以解決，因此床尾處採用大面積櫃牆設計，並置入梳妝台機能，巧妙避開對床也不影響走道，床側區域運用矮櫃結合開放層架，避免造成壓迫感，偏深色調地板則以搭配淺木色與灰牆，來創造出清爽柔和的調性。空間設計暨圖片提供｜木介空間設計

· （左上）**弧形大樑修飾空間線條**

　　主臥大樑勾勒弧形線條包覆，延伸至房門入口，有效延展空間視覺，造型大樑與天花之間刻意做出溝縫，呈現簡約俐落的線條，同時大樑鋪陳淺灰色系，奠定寧靜安穩的氛圍。床頭安排木質背牆，全黑色系延伸至衣櫃，形成連貫一致的效果，而部分衣櫃改用卡其色，沉穩大地色彩滿足屋主喜好。空間設計暨圖片提供｜拾隅空間設計

· （右頁）**主臥、更衣空間 1：1 純粹寢區不干擾**

　　男主人擁有許多衣物以及收藏品，因此極具隱私的主臥空間包含寬敞的更衣室，讓寢室有單純的休憩功能而不被雜物干擾，床頭背牆以深藍色調呼應屋主優雅氣質，映襯著玫瑰金色吊燈也呼應整體空間微奢華調性，更衣室根據衣服規劃不同收納形式，使空間顯得有條不紊。空間設計暨圖片提供｜爾聲空間設計

· （左上）**衛浴換更衣室，提升收納機能**

主臥捨棄衛浴空間，同時牆面內移，打造更衣室，有效擴增收納量。運用灰玻作為拉門，有效區隔空間的同時，也保有視覺的穿透性。床頭大樑刻意不包覆修飾，僅運用木作略微錯位藏入 LED 燈條，運用光暈勾勒空間線條，也為主臥注入放鬆寧靜的情境氛圍。空間設計暨圖片提供｜樂湁設計

· （右頁）**細心思維成就寢臥舒適休憩時光**

輕柔色調及淺色木紋肌理營造豐富而溫暖的臥房空間，屋主有大量衣物收納的需求，衣帽間以玻璃門框打造有如展示櫥窗般的精緻感，提升更衣的美好體驗，而特別在主臥衛浴與寢臥隔間開出一扇窗，讓光線透過長虹玻璃光暈增加亮臥房的明亮感，隱藏式的梳妝檯簡化臥房線條，從細微的設計思維建構舒適的睡眠環境。空間設計暨圖片提供｜甘納空間設計

· （左頁）**翻轉床位方向，讓機能到位**

不含陽台約 9 坪的房子，臥房屬於長型結構，寬度有限無法讓床直向擺放，若靠牆橫放也有門對床，及浪費坪效等問題，因此於房門一進去的地方，以梳妝台做出動線轉折，並利用床頭板區隔兩區域，半牆高度創造通透視線延伸，再加上與餐廳之間使用局部格窗設計，讓空間更爲寬敞舒適。空間設計暨圖片提供｜十一日晴空間設計

· （右上）**以櫃體做主牆，提高坪效、擁抱好景觀**

有別一般床鋪靠牆的做法，爲了獲取最大面寬，並讓面海景優勢發揮極致，特別將床鋪稍微往前挪，並設置一道兼具隔間與收納的櫃體劃分空間，也因此創造出環繞式動線，側牆主色與床頭板皆延續公領域顏色，櫃體利用木工分割做出古典線條語彙，回應屋主的風格偏好。空間設計暨圖片提供｜木介空間設計

· （右下）**勾勒幾何線條，創造律動層次**

主臥沿著床頭淺樑安排幾何造型，四周以黑框勾勒線條，巧妙削弱樑體的存在感。同時床頭背牆採用仿清水模塗料，並做出 L 型線條，有效延展視覺。側邊的衣櫃則是部分改用玻璃櫃門，視覺更有穿透性，置頂高櫃不顯壓迫。整體透過櫃門、黑框與床頭背板的線條，創造有律動的比例分割，虛化空間狹小的視覺感受。空間設計暨圖片提供｜拾隅空間設計

· （左上）**用白與玻璃勾勒清爽明亮感**

　　臥房維持原始格局，房門改為弧形造型搭配穀倉門，對應的位置擺設一張梳妝檯，成為視覺端景。考量空間尺度的關係，大面積白色調，加上局部採用玻璃材質為隔間，開放式衣架與飾品收納區域也是清透玻璃構成，小房間清爽明亮。空間設計暨圖片提供｜實適空間設計

· （右頁）**巧用電視滑門隱藏畸零角落**

　　原始主臥窗邊有著尷尬的畸零凹洞，為了善用空間，內部安排層板充實收納，同時安排滑門並安裝電視，機能更加倍。床頭運用深色木質鋪陳，嵌入不鏽鋼金屬條點綴，金色光澤注入輕奢氣息。下方牆面則改以灰色，雙色牆面讓空間多了層次變化，也避免沉重視覺。空間設計暨圖片提供｜樂湁設計

KIDS ROOM

CHAPTER 6

小孩房

小孩房通常給人第一印象，就是色彩鮮豔，或者充滿著可愛元素，然而隨著年紀逐漸增長，原來的設計卻可能不適合繼續延用，因此在規劃小孩房時，除了要適合當下需求，也應該考量到未來可能性，如此才能不管是在哪個階段，空間都能一樣適用。

POINT 1

材質 material

使用無毒、安全、耐用的材質很重要

為了讓小孩可以安全地成長，使用在小孩房的材質，除了要注重本身是否為天然無毒、環保的材質外，由於小朋友原本活動力就強，因此要特別注重是否耐用、好清潔，這不只是為了可以用得長久，也是方便父母的後續清潔工作。

▸ 小孩房的材質要特別注意是否環保、無毒，
且為了之後便於清潔保養，應盡量選用耐用
好清理的材質。
空間設計暨圖片提供｜甘納空間設計

一般居家裝潢經常會使用到板材，在板材製作過程中，容易殘留對身體有害的甲醛，如果待在含有甲醛的空間裡，吸入這種有害氣體，加上小朋友經常用手觸摸家具、地板、牆壁等，長期下來可能對身體會造成影響，因此小孩房最好降低裝潢比例，減少木作，讓甲醛控制在安全值；若必需使用到板材，則要選用通過 F1 或 F ★★★★ 認證的板材。

其實除了板材之外，塗料、軟墊、織品等，都可能含有甲醛，所以最好選擇標示清楚的品牌，不要購買來路不明的家飾家具。而本身如果是過敏體質，又或者要避免有過敏發生，容易沾滿塵蟎的布類材質也要盡量少用。

成長中的小朋友，活動力和破壞力比大人還可怕，所以小孩房的裝潢建材，不適合選用太過精緻，且容易毀壞的裝潢材，像是壁紙、木皮這類用起來好看，但容易遭到破壞的材質，盡量不用，可以採用系統板、超耐磨地板這類耐磨、耐用的材質。

除此之外，為了避免堆積灰塵，使用的材質應該要容易清掃維護，藉以降低清潔難度，有助於日常整理，同時也可避免引發過敏等問題。在設計面方面，則可藉由減少繁複的裝飾設計，櫃體加裝門片，來減少灰塵堆積，利於平時的清潔整理。

POINT 2

色彩 COLOR

用色不設限，展現色彩繽紛魅力

很多人在選擇小孩房的顏色時，因為擔心選錯顏色，而不敢大膽用色，但其實油漆是最容易更換的裝潢材，而且根據研究，色彩確實能影響人的性格與情緒，因此不妨依據小朋友個性及空間特性，大膽地嘗試一些繽紛的色彩，來為小孩房做妝點。

▸ 牆面運用帶灰調的藍色，藉由帶灰的藍，來讓增添些許沉穩寧靜氛圍，同時又不失空間個性。
空間設計暨圖片提供 | 樂治設計

·利用顏色，注入獨特的空間氛圍

活潑、明亮是小孩房最常給人的第一印象，因此明亮色系常見運用在小孩房。雖說鮮豔色彩可刺激視覺，激發想像力，但過於鮮豔的色彩，並不適合單一色塗滿整個空間，最好與其它顏色搭配，製造出豐富的視覺變化。

想強調明亮色系活潑感，可採用對比配色法，利用強烈的配色，來營造活潑、有朝氣的空間氛圍，如果害怕色彩過於鮮豔，無法駕馭，可局部做點綴，根據想要的跳色效果，決定使用面積大小。

·小孩房也可以很療癒

誰說小孩房一定要色彩活潑鮮明？若不想使過於鮮豔的顏色，在選用顏色時，可適度加入一點白色，藉此可降低顏色彩度、提高明度，讓色彩看起來仍有清新、自然感受，運用於空間能帶來寧靜、放鬆的氛圍，且有鎮定、舒緩情緒作用，很適合個性較為活潑的小朋友。

·讓粉嫩色系氣質又有質感

粉紅、粉藍和粉黃這類粉嫩色系，是許多小女生最愛的顏色，然而粉色系容易顯得過於夢幻，而且不耐看，想讓粉色系更具質感，建議可採用加入一點灰的粉色，藉由降低彩度，減緩粉色系過於甜膩的問題，且無形中讓粉色，可以多一點份溫和、沉靜感，在顏色搭配上，可與灰色或中性色系搭配，調和視覺上的平衡，讓空間更具質感。

不同於成人空間，小朋友的空間其實可以加入更多一點趣味與童心，除了整面牆塗刷的方式以外，還可以利用色彩做出矩形、色塊等變化，又或者在牆面做出不同比例，為單調牆色做視覺變化，不過不論採用哪種方式，小孩房的顏色建議使用會讓人心情愉悅的色系，讓孩子能在愉悅的氛圍中成長。

POINT 3

收納 storage

做好收納計畫，滿足大量收納需求

小孩房算是收納重點區域，在這裡會有玩具、書本、衣物等物品要收納，因此除了收納空間要足夠，如何藉由收納設計，來訓練小朋友養成自主收納習慣，幫助父母擺脫收不完的惡夢，一開始的收納規劃很重要。

▸ 多種收納設計可收納不同物品，而當年齡漸漸成長時，也能因應不同的收納需求。空間設計暨圖片提供｜拾隅空間設計

‧依成長階段，規劃適合收納

不同的年齡層需要的收納需求也不太相同，若是年紀較小，小朋友需要的是可以在地上爬行活動的空間，主要是父母收納，收納物品也比較少，對於學齡階段的小朋友，需要收納的物品則有玩具、書本、學習用品，因此勢必要擴充收納空間，而此時也正是訓練小朋友自主收納的重要時期，因此要特別重視收納規劃，以養成自行納習慣。

‧多種收納方式滿足需求

小孩房要收納的東西通常多而且雜，因此並不適合全部採用一種收納方式，最好以多種不同的收納形式來規劃，像是可規劃層板來收納平時較爲常用的物品，而且適當使用層板，可避免過多櫃體帶來壓迫感，接著便可加入一些格櫃收納，來讓物品收得整齊，同時減少灰塵堆積，再進一步還能加上門片，把雜亂不好收或不常使用的物品，全部隱藏起來。

另外，很難收得整齊的玩具，適合使用抽屜、拉籃來收納，只要將玩具丟進去就可以，好收好拿，很適合剛開始學收納的小朋友使用，而且只要把外觀統一，視覺上看起來就很乾淨俐落。

‧結合家具的收納機能

由於小孩房通常會從學齡期一直使用到青春期，因此小孩房裡的家具，建議可以採用一些可因應不同需求，而能隨時調整變化的複合機能家具，藉此讓空間不會因爲成長階段變化，而變得不適用。

而這些複合式機能，就可以將收納規劃包含進去，像是在架高地板的下方，可收納的上掀床、上掀床頭櫃等等，都可以規劃成收納空間，而且一般小孩房多是坪數較小的房間，藉由複合機能設計，讓空間可以完全發揮利用。

實例應用 ————————————

· （左上）**組合書架劃設睡寢、閱讀區**

　　兩個男孩共用的大臥房，由於希望控制裝潢預算，因此房間多半採用活動家具完成，睡寢區與閱讀區之間搭配無印良品自由組合層架，也可以壁鎖更爲安全。閱讀區走道預留約 90 公分寬度，給予舒適的行走動線。睡寢區的臨窗面因遇有大樑，因此採用木作訂製方式構築矮櫃，也增加孩子們放置書籍或玩具的地方。空間設計暨圖片提供｜十一日晴空間設計

· （右頁上）**通透玻璃窗維持穿透開闊**

　　小孩房相對較小，爲了讓空間更通透，與客廳相鄰的牆面部分改爲玻璃窗，有效引進更多採光，視覺也能向外延展開闊。玻璃窗特地不做滿，保留部分實牆方便放置床鋪，能保有隱私。上方大樑橫跨客廳與小孩房，運用灰色塗料形塑空間線條，地面則鋪上超耐磨木地板，增添溫潤質感。空間設計暨圖片提供｜拾隅空間設計

· （右頁下）**沉穩木色穩定重心**

　　這是 21 坪的新成屋，小孩房順應牆面設置床頭背牆，輕淺木色流露清爽暖度，至於地面選用石塑地板，沉穩暮色有助穩定空間重心。略爲加厚的床頭設計能隨手放置書籍、手機或展示品，側邊也多了插座方便充電，滿足實用機能。內部也安排書桌與展示櫃，收納公仔、書籍，成爲點綴空間端景的最佳裝飾。空間設計暨圖片提供｜拾隅空間設計

· (左上) **趣味圓拱弱化沉重櫃體**

微調小孩房格局，順應牆面嵌入置頂高櫃，整體立面更爲平整俐落。部分櫃體鏤空，拉出圓拱造型，視覺多了動感，爲空間注入活潑朝氣，同時也能降低櫃體的壓迫感。對側牆面則鋪陳藍色豐富空間層次，並安排木質床頭背牆，未來小孩成長就能順應背牆置換床鋪。空間設計暨圖片提供｜拾隅空間設計

· (右頁上) **牆面安裝洞洞板，收納隨心所欲**

爲了給予小孩更多的安全感，床邊加高圍塑出睡寢空間，無形中有助安穩入睡，單人加大的床鋪則能適用到長大成人。牆面安排層架能收納童書或小玩具，而書桌區則設置吊櫃擴增收納，中央牆面貼覆洞洞板，能依照使用習慣隨意吊掛小飾品。空間設計暨圖片提供｜拾隅空間設計

· (右頁下) **臥榻長廊搭配拉門，打造雙入口**

延續公共空間，沿窗安排臥榻長廊，小孩房特地設置可移動的拉門，形塑雙入口打造回字動線，小孩能順著臥榻、房門自由進出不受阻隔，同時也能引入大量採光，空間不壓迫。臥榻下暗藏收納，檯面上掀就能收，擴充實用機能。牆面則運用帶灰調的藍色，打造個性空間。空間設計暨圖片提供｜樂湁設計

BATHROOM

CHAPTER 7

衛浴

居家空間裡除了客廳和廚房，每天一定會用到的就是衛浴，這個大則不限坪數，小則可能不到半坪的空間裡，材質選用最重要，因爲是用水重區，所以必需實用又安全，至於機能設備要齊全且方便順手，最後卽便空間不足，還是要適當規劃收納，而當這些基本需求都滿足了，再適時添入個人美感風格，打造成最讓人放鬆療癒的空間。

POINT 1

材質 material

不只要好看，還要好清好保養

充滿濕氣的衛浴空間，最麻煩的就是清潔和維護工作，因此材質的選擇，對於是否有助於平日的清潔維護相當重要，接下來就是安全問題，在經常用水的衛浴，若沒有使用止滑材質，很容易因爲水漬滑倒，因此材質的防滑效果要比其它區域更重要。

▶ 衛浴空間重視的是實用機能，然而只要在裝潢建材質多用點心，也能打造出成極具奢華精緻感的空間。

空間設計暨圖片提供｜甘納空間設計

01 ▶ 好看也耐用的石材

天然石材因有天然且獨特的紋理，而在居家裝潢建材中相當受到歡迎，雖說衛浴空間普遍坪數並不大，但仍有許多人喜愛在衛浴空間裡使用石材，來展現空間的獨特性與奢華質感。但石材雖然好看，由於產量稀少，若要全部以石材打造衛浴，費用會比使用其它材質要高上許多，若從預算考量，可選擇局部使用在檯面，至於地面和牆面，改以仿石材材質或人造石等替代建材，可省下不少費用。

就平日的清潔保養來看，天然石材因具有毛細孔，吸水率高容易吸附污漬，因此最好使用專門防護劑以達到防水效果，且要勤於清潔，以免留下水漬影響美感。除此之外，石材表面可能有局部變色狀況，最好定期進行拋光保養，藉此維持石材表面色澤紋理。不想花心思照顧，但又想要擁有石材質感的話，便可選用沒有毛細孔且不易沾染污漬的人造石，雖說紋理色澤沒有天然石材好看，但平日清潔保養簡單許多，且適度搭配使用人造石，便可兼顧預算與整體空間美感。除此之外，現在市面上有許多仿石建材，尤其是仿石磚材，有磚材堅固、耐磨、好清理特性，又具備石材外觀，也是可替代石材的一種選擇。

02 ▸ 適用地壁的磚材

總是充滿水氣的衛浴空間裡，磁磚是最常被用在牆面和地面的材質，這是因為磁磚堅硬、抗濕，相當好清理維護，而且可應用在牆面和地面，而對於美感要求較高人，磚材擁有豐富的圖案、花色，甚至還有仿石、仿木紋磚等種類，選擇相當多，屋主很容易就能運用磚材，輕鬆打造出屬於自己的風格。

▸ 耐磨、抗水的磚材，很適合應用於用水重區的衛浴，若想更具風格感，可選用紋理獨特的磚材，來增添衛浴空間個性。空間設計暨圖片提供｜甘納空間設計

・衛浴空間首重防滑安全

除了好看，運用在衛浴的磚材也要實用，尤其是地磚要特別注重防滑，因為浴室地板潮濕容易滑倒，挑選時要以止滑耐磨為優先考量，最簡單的挑選方式，就是看吸水率和磚面質感。使用於衛浴空間，應選吸水率低（少於0.5%）的磁磚，防滑效果好、表面堅硬；磚面要選較有凹凸起伏的磚材類型，防滑效果比較好，但要注意不要挑表面太過粗糙的款式，因為反而容易卡垢不好清理。

若從一般浴室常見幾種地磚來看防滑程度，其中板岩磚最防滑，其次為復古磚，最後則是石英磚，不過現在有些石英磚表面有做防滑處理，若是偏好使用石英

磚，不妨購買時諮詢相關廠商。

・尺寸、造型也能玩出變化

磁磚除了磚面質感與圖案，鋪貼磁磚最重要的還有磁磚的尺寸、形狀，有些人希望接縫少一點，減少溝縫積垢問題，然而就地磚來看，在坪數不大的衛浴空間裡，使用大尺寸磚無法展現磚材大器感，裁切過程容易造成材料浪費，而且大尺寸磚也不易做洩水坡，因此一般衛浴常用磚材尺寸約是 30×30 公分，若是坪數較大，可用 30×60 公分，或其它尺寸更大的磚材。若想利用磚材來豐富空間視覺效果，造型特殊且鋪設組合方式多元的六角磚，是近幾年相當受到喜愛的磚材，適合做為空間重點裝飾，若使用在衛浴空間則要選用吸水率低、具止滑、耐磨的瓷質六角磚。

・擬真紋理增添豐富衛浴樣貌

由於衛浴空間經常有水氣，因此有些建材並不適合使用，不過隨著科技進步，市面上也推出所謂的木紋磚、仿石紋磚、仿水泥磚等磚材，這類磚材表面紋理可能是木素材、石材或者水泥，磚面紋理逼真，材質本身則具有磚材好清、耐磨特性，也因此很輕易就能利用這些磚材，來打造出夢想中的衛浴空間，而不用擔心材質不適用問題。

▶ 磚材不只花色豐富，且在尺寸的選擇也相當多元，因此藉由花色、尺寸拼法的搭配，坪數不大的衛浴空間，仍可展現出屬於獨特的風格品味。
空間設計暨圖片提供｜爾聲空間設計

03 ▸ 粗獷工業感的水泥

過去大家對衛浴空間使用的材質，大多首選爲好清、堅硬又耐用的磁磚，然而隨著科技的進步，以及對居家風格與建材的認識，沒有過多裝飾的水泥不只受到很多人喜愛，甚至有人也會將這種材質應用在衛浴空間。

水泥這種材質可爲空間帶來極具個性的現代感，然而也因爲沒有在上面鋪貼任何建材，而容易讓人擔心是否適合用在濕氣重的衛浴空間，其實只要做好防水層處理卽可，因爲水泥粉光完成面沒有任何接縫，所以不易藏污納垢，反而便於清潔維護。

至於水泥粉光一直以來的龜裂和起砂問題，只要完成後，在水泥表面多做一層拋光打磨，就能避免龜裂和起砂。

如果喜歡水泥質感，但又擔心起砂龜裂問題，那麼不妨考慮使用由水泥、水性樹脂等材料組成的微水泥，因是以水泥爲基底，因此完成面很接近水泥粉光質感，不過硬度更高不易開裂，又能防水耐磨耐擦洗，同時還能有效抑止霉菌生長，在長時間潮濕環境下不易發霉，因此也很適用於浴室濕區。

不過因爲施工專業，價錢相對比較昂貴，而且最好由有經驗的專業師傅施工，比較不會有問題。

種類	特色	優點	缺點
水泥粉光	施作厚度約 3～5mm，由水泥、骨料、添加物等材質，以 1：3 比例調配而成，爲早期裝潢常見建材。	完成面無溝縫，不易卡垢，紋理色澤因施工而異，極具手工美感。	容易起砂、龜裂、變色。
微水泥	由水泥、石英、樹脂等成分組成，施作厚度約 2～3mm。	抗水抗酸且易保養及維護，表面紋理可細膩也可帶粗曠顆粒感。	施工要求高、價格高，重物摔落可能有刮痕。

04 利用玻璃和鏡面放大空間感

現在衛浴空間一般來說，都會分出乾濕區，對於本來空間就不大的衛浴來說，維持空間通透感很重要，因此現在多會採用清透的玻璃來做爲乾濕隔間，比起容易發霉，而且需要經常更換的浴簾來說，玻璃材質不只更加好清、美觀，而且藉由視覺穿透玻璃而得到延伸，因此會有放大空間效果。

若不喜歡毫無紋理的清玻，可以改爲長虹玻璃、磨砂玻璃等，在表面有紋理的玻璃種類，滿足想有豐富紋理變化，又保有玻璃通透感需求。

鏡子本來就是衛浴空間的基本配備，而在坪數不大的衛浴，只要善用鏡子，便可製造出空間放大果，像是在選擇鏡櫃時，便可選用全鏡面鏡櫃，又或者直接在牆面鋪貼的化妝鏡，刻意大面積鋪貼，利用鏡子的反射特性，來製造出視覺不斷延伸錯覺，藉以模糊空間界線，進而讓人有空間變大一倍的感覺。

▶ 將收納櫃寬度延展，藉此擴充收納量，並搭配門片鏡面材質，有效延伸視覺放大空間，同時也能降低櫃體存在感。
空間設計暨圖片提供｜爾聲空間設計

2

收納 storage

在一個小小的衛浴空間裡，要收納毛巾、牙刷、洗面乳等雜七雜八的東西，不只東西多，還有很多不同種類，因此事前做好收納規劃相當重要，尤其在空間不大的前提下，不只要發揮收納高機能，更要懂得聰明擴充收納空間。

▸ 在洗手檯下方設置層板，平時可收納瓶瓶罐罐，若擔心看起來雜亂，可搭配收納籃收納。空間設計暨圖片提供｜爾聲空間設計

·寬度不足，垂直向上收納

很多衛浴空間面臨的問題就是空間太小，無法安排大型收納櫃，此時如何擴充收納空間呢？最直接的方式就是往高處發展的垂直收納，不過因為空間本來就小，垂直收納建議可採用層板或鏤空層架收納，以免因為櫃體而感到壓迫，主要以收納一些比較輕的物品如：洗面乳、毛巾、吹風機等，或者擺放裝飾用的植栽，不要擺放過重物品，以免掉落發生危險。

至於一般都會配置的鏡櫃，不如選用全面鏡櫃，藉此增加收納空間，而且還可利用鏡子反射特性，有效製造出空間放大感。

·善用畸零空間做收納

在一些比較畸零的空間設置收納空間，例如：洗手檯下方、馬桶上方、櫃體側邊、壁面窄長畸零地，這些地方往往很容易被忽略，但其實只要仔細規劃就能增加收納。

像是洗手檯下方，雖然會有水管經過，但只要增加櫃體，就能把水管藏起來，而且還多了收納空間，至於馬桶上方位置，可購買現成收納櫃架，或者增設櫃體、層板來做收納，櫃體側邊則可加裝吊桿，搭配勾掛便可吊掛更多東西；至於狹長畸零地，可選購市面上的狹長浴櫃，或者增設層板，讓原本窄小不好用的空間，也能變得很好收東西。

·選擇防潮耐用材質

衛浴經常聚集濕氣，且常呈現潮濕狀態的空間，因此收納櫃要特別挑選耐潮的材質，以免使用沒多久，櫃體就因濕氣而變形。

其中塑料、PVC 材質防潮效果較佳，而容易受潮發霉、變形的木質板材，最好不要使用。除此之外，櫃體內部建議盡量採用層板規劃，由於抽屜、拉籃都需要使用到五金配件，平日若不花心思保養，五金很容易因濕氣而生鏽氧化，而要重新置換。

▸ 在洗手檯下方規劃懸浮收納櫃，視覺上看起來輕盈，同時又能滿足收納的需求。
空間設計暨圖片提供｜十一日晴空間設計

實例應用

· （左上）**調動格局，充實收納機能**

調動衛浴格局，沿著採光配置，空間更爲開闊明亮。內部則安排大型圓鏡，形塑中式底蘊，一旁安排高櫃便於收納毛巾或沐浴備品，下方浴櫃則僅做 40 公分深，保留馬桶兩側寬度，使用不壓迫。而浴缸牆面安排灰綠色火燒磚，並設置壁龕，方便放置沐浴用品，凝聚視覺焦點的同時，也兼具實用機能。空間設計暨圖片提供｜樂湁設計

· （右頁上）**灰白色系奠定沉穩氛圍**

主衛從地面到牆面鋪貼仿水磨石磁磚，僅貼到半牆高度，再搭配灰色磁磚，中性的灰白色系有效奠定沉穩氛圍。一旁則安排現成浴櫃，大尺寸的台面讓盥洗舒適不擁擠，上方同時安排鏡櫃增收納，部分層板鏤空，方便放置常用的牙刷、盥洗用品。主衛也納入電熱毛巾架與三合一暖風機，提供乾爽的洗浴體驗。空間設計暨圖片提供｜拾隅空間設計

· （右頁下）**半牆設計圍塑開放通透洗手檯區域**

此爲舊屋翻新案例，雖然原本洗手台即獨立規劃於衛浴外側，但由於設置高牆的關係，導致空間顯得封閉，因此設計師將牆面拆除，以半牆高度重新劃設，讓空間感通透延伸，洗手台區域運用淺藍色小方磚搭配木質浴櫃、層架，勾勒出日式復古氛圍。空間設計暨圖片提供｜十一日晴空間設計

· （左頁）**流暢動線與特色材質體現屋主個性**

主臥房藉由琥珀石紋牆界定寢臥與衛浴並打造回字動線，繞過牆後即是獨樹一格的衛浴空間，泡澡與洗臉台採開放設計，掩飾在熱帶雨林磁磚牆之中的淋浴及衛廁則分割成獨立區域，減少同時使用時的窘況；右側則配置更衣櫃及化妝檯，利用循環動線簡化洗澡沐浴、更衣梳化的流程，流暢的使用體驗讓人在私密空間感到放鬆自在。空間設計暨圖片提供｜甘納空間設計

· （右頁上）**全黑色調奠定沉穩調性**

延續整體的簡約現代調性，主衛全室從牆面到地面採用黑色系磁磚鋪陳，奠定沉穩質感。除了配置淋浴區，也安排獨立浴缸，享受悠閒泡澡的洗浴體驗。牆面則嵌入不鏽鋼層板，沐浴用品都能收好，不鏽鋼材質也有效防水防鏽，事後也方便維護。空間設計暨圖片提供｜樂治設計

· （左頁）**順應柱體，打造幾何台面**

主衛全室採用仿大理石磁磚鋪貼，僅保留一道牆面鋪陳幾何六角磚，黑色磚面有效收縮空間，穩定視覺重心。順應柱體設置洗手台，由於柱體深度較淺，台面由淺至深拉出幾何曲線，才有空間納入浴櫃。浴櫃下方不做滿，保留放置髒衣籃的空間，同時安排鏤空層板方便取用收納。空間設計暨圖片提供｜拾隅空間設計

· （右頁上）**細緻金屬成就輕盈端景**

主衛以灰色磁磚鋪陳全室，一旁則安排高櫃擴增收納，清爽的木紋紋理點綴，為空間注入暖度。牆面特地安排懸吊毛巾架並設置層板，能同時收納毛巾與沐浴用品，細緻的不鏽鋼金屬線條搭配懸浮不落地的設計，打造輕盈感受，開門即能看到美麗端景。空間設計暨圖片提供｜樂湁設計

· **（左頁）雙色牆面營造清爽感**

在主衛空間不方正的情況下，牆面上半部鋪陳白色長條磚，下方則貼覆 20 公分見方的粉色磁磚，打造雙色牆面的效果，不僅能沿著色彩延展空間視覺，也多了清爽氣息。在收納上除了安排木質浴櫃，也在鏡面周遭設置層板，滿足屋主收納需求，層板則選用不鏽鋼材質，有效防水防鏽，延長使用壽命。空間設計暨圖片提供｜拾隅空間設計

· **（右上）霧面玻璃門引進自然日光**

這個家原本就配置了兩間衛浴，雖然客浴尺度略為狹窄，但屋主仍希望保留。為了滿足小衛浴的基本功能且同時舒適好用，設計師悉心挑選每件設備的尺寸，例如洗手台是 50 公分寬度，比正常規格略小但使用起來依舊舒服，另外由於衛浴本身沒有對外窗，因此特別換上鋁框與霧面玻璃材質，讓光線可穿透至內，且維持隱私，進入衛浴也不會有封閉不適感。空間設計暨圖片提供｜十一日晴空間設計

Designer data

十一日晴空間設計

TheNovDesign@gmail.com
台北市文山區木新路三段 243 巷 4 弄 10 號 2 樓

木介空間設計

06-298-8376
mujie.art@gmail.com
台南市安平區文平路 479 號 2 樓

甘納空間設計 Ganna Design

02-2795-2733
info@ganna-design.com
台北市台北市內湖區新明路 298 巷 12 號 3 樓

拾隅空間設計有限公司

02-2523-0880
service@theangle.com.tw
104 台北市中山區松江路 100 巷 17 號 1 樓

爾聲空間設計

02-2518-1058
台北市中山區長安東路 2 段 77 號 2 樓
info@archlin.com

樂湉設計

0975-695-913
lsdesign16@gmail.com
新北市新莊區頭前路 130 號 10 樓

實適空間設計

0958-142-839
台北市松山區光復南路 22 巷 44 號
sinsp.design@gmail.com

新手裝修計畫書

2021 年 07 月 01 日初版第一刷發行

編　　著　東販編輯部
編　　輯　王玉瑤
採訪編輯　Aggie・Eva・王玉瑤・陳佳歆
插　　畫　黃雅方
封面・版型設計　謝捲子
特約美編　梁淑娟
發 行 人　南部裕
發 行 所　台灣東販股份有限公司
　　　　　＜地址＞台北市南京東路 4 段 130 號 2F-1
　　　　　＜電話＞ (02)2577-8878
　　　　　＜傳真＞ (02)2577-8896
　　　　　＜網址＞ http://www.tohan.com.tw
郵撥帳號　1405049-4
法律顧問　蕭雄淋律師
總 經 銷　聯合發行股份有限公司
　　　　　＜電話＞ (02)2917-8022

新手裝修計畫書 / 東販編輯部作 .
-- 初版 . -- 臺北市：
臺灣東販股份有限公司 , 2022.07
160　面；17×23 公分
ISBN 978-626-329-224-6（平裝）

1.CST: 家庭佈置 2.CST: 室內設計

422.3　　　　　　　　　　　111004696